网络文本内容信任与
可信搜索技术

曾国荪　著

同济大学 出版社
TONGJI UNIVERSITY PRESS

内 容 简 介

本书以网络文本内容信任评估与可信搜索技术为知识单元,系统地分析了目前的评估与检索方法。网络的文本内容信任是指在特定的上下文环境下,根据网络信息资源本身的一段或整个信息内容来对该信息进行可信性评估的一种机制,其反映的是该信息源的本质特征。可信搜索技术是将信任概念引入互联网信息检索,即用户对搜索引擎返回结果的相信和信赖。二者的融合进一步提升了信息搜索的准确性,因此在智能信息搜索引擎中发挥着至关重要的作用。

本书适用于高等院校计算机、信息科学等专业的师生阅读,对相关学科领域的科技工作者和工程技术人员也有一定的参考价值。

图书在版编目(CIP)数据

网络文本内容信任与可信搜索技术 / 曾国荪著.—
上海:同济大学出版社,2021.12
   ISBN 978-7-5608-9862-9

Ⅰ.①网…   Ⅱ.①曾…   Ⅲ.①计算机网络—安全技术
Ⅳ.①TP393.08

中国版本图书馆 CIP 数据核字(2021)第 159318 号

网络文本内容信任与可信搜索技术

曾国荪　著

责任编辑　朱　勇　　**助理编辑**　裴晓霖　　**责任校对**　徐春莲　　**封面设计**　陈益平

出版发行　同济大学出版社　　　　www.tongjipress.com.cn
　　　　　(地址:上海市四平路 1239 号 邮编:200092 电话:021-65985622)
经　　销　全国各地新华书店
印　　刷　江苏凤凰数码印务有限公司
开　　本　710 mm×960 mm　1/16
印　　张　15.25
字　　数　305 000
版　　次　2021 年 12 月第 1 版　　　2021 年 12 月第 1 次印刷
书　　号　ISBN 978-7-5608-9862-9

定　　价　78.00 元

前　言

　　计算机的普及极大地改变了人们的生活。目前,各行业、各领域都广泛采用计算机信息技术,信息来源广泛,内容丰富多样,但良莠不齐,不良信息无处不在,且与正常有益的信息资源鱼龙混杂,使得海量的 Web 信息越来越不可信。同时,随着用户对互联网越来越多的接触、使用、理解,传统搜索引擎的价值逐渐变为既要快速准确地为用户提供全面并且可靠的信息,又要过滤虚假不可信的信息,还要根据用户个体差异,提供满足个性化兴趣需求的信息。此外,搜索引擎还需要保证提供的信息价值高于用户阅读信息耗费的时间精力,也即信息是适量的,而非冗杂的。由此产生出评价网络文本内容可信以及可信搜索技术的需求。为了有效和可信地利用 Web 信息资源,需要挖掘一些评估内容可信的方法,并设计实现基于内容信任的可信搜索技术,这正是本书的主要研究目的。

　　随着互联网技术的发展,互联网的普及率越来越高。中国互联网络信息中心(CNNIC)经常发布我国互联网络发展状况统计报告,截至 2020 年上半年,我国搜索引擎用户规模为 7.66 亿,占网民整体的 81.5%。随着互联网应用的普及,一方面,用户得以越来越频繁地在互联网发布、阅读信息,而搜索技术作为互联网的基础应用,提高了用户对检索服务的需求,不再仅仅注重返回大量的搜索结果,而是开始对搜索结果进行过滤,避免把虚假信息、不安全链接返回给用户,从而提高返回结果的可信性,提升用户使用检索服务时的安全性;另一方面,搜索技术逐步重视提高搜索结果的质量,开始根据用户的个体化和社会化的需求,有针对性地为用户提供个性化的搜索结果,以提升用户搜索体验。因此,搜索技术对于信息的检索是至关重要的。

　　信任在人类生产生活中一直是一个普遍而重要的概念,日常很多事情都不可避免地关系到信任问题。经济学家认为信任实际上是人们规避风险、减少交易成本的一种理性计算,在信息不完备的情况下,信任是规避风险的最好手段。心理学家从认知过程的分析出发,认为信任是行为体对情境的反应,是由外部刺激而决定的个体心理和行为。互联网中包含的电子文本信息数量众多,其中不少文本存在内容虚假错误、逻辑混乱、语义含糊不清等影响利用价值的不可信因素。因此,很有必要对文本进行可信语义研究,以使搜索获得的文本更具准确度,令用户满意。随着互联网信息的增多,用户对信息查询的要求不断提高。目前的搜索引擎查全率和查准率低,即使功能最完善的搜索引擎也只能找到 Web 上大约 1/3 的网页,查全率无法保证。另外,网络信息海量、繁杂无序、网页链接无效、查询结果重复、信息已过期、信息失真等问题大大降低了搜索的查准率。传统的搜索引擎已经无法满足用户的需求,文本内容信任的评估与可信搜索技术相结合,能够有效地提高反馈给用户查询结果的准确性,推动互联网信息文明不断地前进和发展。

可信搜索技术就是利用内容信任机制,通过文本内容的"文本信任属性""信任事实"和"语义逻辑"等来判断信息可信性,从而给请求搜索的用户提供可信结果的一次探索和实践。1990 年,麦吉尔大学的三名学生 Alan Emtage、Peter Deutsch、Bill Heelan 发明的 Archie 是搜索引擎的始祖。1994 年 4 月,斯坦福大学两名博士生 David Filo 和杨致远共同创办的超级目录索引 Yahoo 被称为第一代搜索引擎。1998 年 9 月,Larry Page 和 Sergey Brin 研制的第二代搜索引擎 Google 加入了 PageRank、动态摘要、网页快照、Daily Refresh、多文档格式支持、地图股票词典寻人等集成搜索、多语言支持、用户界面等功能上的革新,使搜索引擎的定义更加丰富,成为当今世界使用最广泛的全文搜索引擎。我国对搜索引擎的研究起步比较晚,2000 年 1 月,在北京中关村创立的百度公司宣布了面向中文的搜索引擎诞生。当前,我国各领域的搜索引擎百花齐放,争奇斗艳。

本书的主要目的是介绍作者领导同济大学"可信与异构计算"实验室十余年来,在文本内容可信评估方法和可信搜索技术等方面所做的一些研究工作和取得的成果,大部分工作属于国家级和省部级科研项目的研究内容和研究任务。书中部分内容来自实验室多名研究生撰写的学位论文及其公开发表的学术论文,作者进行了合理组织、整理精简、统一规范。研究生为王伟、张东启、毛雪云、王晓君、黄帅彪、陈路瑶、周静、黄晶晶、余玄璇、张康、顾逸圣、马军岩、李润青、谢英杰等。研究生房有丽在编辑整理成书过程中做了大量工作。在此一并表示感谢!

期望本书能为从事信息检索等相关研究人员提供一些启发和帮助,热忱欢迎同行专家和读者批评指正,使本书在使用过程中不断改进,日臻完善。

作　者

于同济大学

目　录

第1章
内容信任与信息检索基本概念

1.1　信息内容的存在形式

　　互联网已经发展成为一个拥有数以十亿计的页面的信息库,且页面数量继续以每4到6个月翻一番的速度快速增长。数量巨大的网络信息资源源于各行各业,包括不同学科、不同领域、不同地区、不同语言的各种信息,其内容非常丰富,并且以文本、图像、音频、视频、软件和数据库等多种形式存在。

　　不管是传统的文字信息,还是现代的数字信息,一个能准确和完整表达内容的信息单位是文档或文件。信息文档可以承载在纸张、磁带、磁盘、光盘等媒介中,可以进行阅读、使用、传播、存储和维护。数字时代的信息文本主要源于计算机系统和互联网络,主要形式有:

　　(1)字处理软件保存的文档、报纸杂志编排的文档。

　　(2)计算机硬件附带的光盘中的使用说明书和规格说明书。

　　(3)软件开发中保留的源代码、需求分析说明书、概要设计说明书和详细设计说明书以及程序软件的一段说明等。

　　(4)各种应用程序产生的日志文件,例如 Linux 操作系统出错时产生的日志信息。

　　(5)利用 OCR(光学字符识别)技术,将照片中的文字识别出来形成的信息文本。

　　(6)利用语音识别技术识别音频文件中的信息而保存的信息文本。

　　(7)智能手机拍照、朋友圈即时交流、自媒体微博的信息文本。

　　(8)网站上的网页。网页是重要的信息文本形式,它非常容易获得,在各种网站上,带有文字的网页是传统的表达方式。在新闻网站上可以获得新闻信息文本,在编程网站上可以获得编程技术说明文本。网页的格式是超文本如

HTML、XHTML 等,这种格式很容易转换为不带标记的纯文本格式。

(9) 网站上存放的各种信息文本文件。这种文件一般可以下载,格式多种多样,包括纯文本、Word 文件、PPT 文件、PDF 文件等。

(10) 电子邮件。可以从电子邮件客户端下载到计算机中存放为信息文本。

(11) 各种聊天工具产生的信息文件。

信息文档的内容可包含数据、文字、声音、图形、图像等,其存储方式包括 Word 文档、PDF 文档、JPG 文档、TXT 文档、HTML 文档等。

随着互联网的迅速发展,HTML、JSP、ASP 等网页文档已成为当前最普遍的信息载体,根据中国互联网中心的统计显示,截至 2020 年 3 月,我国网站数量为 497 万个,网民规模达 9.04 亿,网页数量数不胜数。网页不仅能承载传统的文字、图形、图像信息,还可以嵌入更加丰富的音视频和动画信息。通过对互联网中大量文档的观察和统计,我们知道文档主要利用文字来传达它所包含的信息,而文档中的音视频和图像大多是为了让人们更好理解内容信息而存在的辅助信息。因此,文本的内容信任评估多半只是关注互联网中文档包含的文本信息,而忽略其中的音视频、图形、图像对文档可信度的影响。另外,针对互联网上的网页文档,可以暂时不考虑其他文档形式,只需要从形式多样的文档中提取纯文本信息,这是文档内容理解的本质和可行的方法。因此,只选择网页文本文档作为内容信任评估的对象。

综上所述,内容信任评估的最小文本信息单位是 Web 网页资源(包括静态网页和动态网页),可以用唯一一个 URI 地址来表示该网络资源。

定义 1.1   网络信息资源:是指以数码形式记录的,以多媒体形式表达的,存储在网络和计算机磁介质、光介质以及各类通信介质上的,并通过计算机网络等通信方式进行传递的信息内容的集合。

定义 1.2   信息文本:是一个由有效语法单位集合组成的具有自然语义的信息单位,通常由字、词、句等组成,并按一定方式构成段落和篇章。形式化描述如下:

$$T = \{ u_i \mid u_i \in U, i = 1, 2, 3, \cdots \} \tag{1.1}$$

其中,u_i 表示有效的语法项,U 是语法单位集合。

1.2   文本的语义和表示

文本是能够表达完整语义的字符串语句集合,为了便于计算机理解和处理文本语义,首先要合理地对其进行结构化表示和建模。

1.2.1　文本语义的一般表示

文献表示已有多种建模方法,本节列举以下几种常见的表示模型。

(1) 词袋模型(Bag of Words):不考虑文献文本中的语法和句法,将文本看作是同等且独立的词语集合,用一个固定字典长维度的行向量来表示,每一维度的数值代表该维度对应词语在文本中出现的频次。这种方法是早期的文本表示手段,因为需要的存储空间较大而面临维度灾难,同时也没有考虑语句级别的文本语义。

(2) 向量空间模型(Vector Space Model):依赖词频信息,文本被看作是向量空间中的一个项集向量,而项是表示文本特征的词语,根据重要程度被赋予不同的权重。该方法需要选择语义丰富的词语项特征,但是自然语言具有语义模糊性,很多词语因为存在一词多义而不能进行唯一的特性表示,因此导致用向量空间模型表示文本的语义时,难免存在偏差。

(3) LDA 模型(Latent Dirichlet Allocation):可以从词语、主题、文本自身三个层面表示文本。借助词袋模型的思想,不断地经过特征提取,最终将文本转换为一个文本向量。然而,由于特征提取过程大都使用线性操作,LDA 建模方法并没有考虑文本中词语的位置分布和上下文之间的语义关联。与 LDA 类似的方法还有 LSI、pLSI、SSI 等。

(4) 语义图模型:对文本建模属于语义网的应用范畴,通过分析文本中的实体和语义,构建能够描述物体概念和状态关系的有向图来进一步理解和挖掘文本。语义图模型能够较为明确地表达概念与实体间的语义关系,而且还能对现有的知识进行一定程度的推理,是一种深层次的文本表示模型。

1.2.2　词语的语义向量描述

词语是能够独立运用的语言单位,拥有具体的逻辑含义,也即语义。在对文本的表示建模过程中,常用的方法是以统计或者多次简单线性提取词语为基础来进行的,即使在文本语义图模型中,并没有涉及词语的语义分析和表示。假如能够合适地表示和获取词语的语义,并将其运用到文本表示模型,应该能使得文本表示更加合理和赋有语义。因此,研究人员对词语的语义进行了重点研究。

Hinton 在 1986 年提出了内容的分布表示(Distributed Representation),在此思想之下,结合语言模型和神经网络的发展,研究人员提出将词语映射为一个可以表示其语义的向量,称为词向量(Word Embedding)。大部分研究人员是在训练语言模型的同时得到了词向量,这些经典的工作有 Bengio 通过前馈神经网络来训练语言模型,Collobert 和 Weston 使用两个神经网络同时进行模型训练,Mnih 和 Hinton 提出并训练 HLBL 模型,Mikolov 训练循环神经网络语言模型以及 Huang 对 Collobert 和 Weston 工作模型的改进。之后,Mikolov 又提出了两种直接以训练词向量为目标的、结构简单、训练高效的神经网络模型 CBOW 和 Skip-gram,词向量也自此步入了新的研究阶段。

词向量是一个固定低维度数值型向量,词语 i 的 ζ 维语义词向量可以表示为 $j = [l_{i1}, l_{i2}, \cdots, l_{i\zeta}]$,其中 $\forall l_{i\zeta} \in \mathbb{R}$,$\zeta$ 通常取 50、100、200 等数值。训练较为完备的词向量能够合理、真实地体现词语的语义,譬如词向量(king)≈词向量(man),词向量(queen)≈词向量(woman),词向量(麦克风)≈词向量(话筒)等。可以借助词向量技术来表示和获取词语的语义,具体做法是选用 TensorFlow 学习框架和 Skip-gram 模型,对大量文本语料进行多次迭代训练得到。

1.2.3 文本语义的矩阵表示

现有的文献建模表示方法各具特点,参考其中向量空间模型和 LDA 模型,同时结合词语的语义向量,可以用语义矩阵来对文本进行建模。

定义 1.3 文本语义矩阵:对于领域 D 中的文本 T 而言,选取 T 中 n 条语句和 D 中 m 个特征词来构建文本 T 的语义矩阵 $\boldsymbol{\Psi}_{T(n \times m)}$:

$$\boldsymbol{\Psi}_{T(n \times m)} = \begin{cases} \psi_1 = (s_{11}, s_{12}, \cdots, s_{1m}) \\ \psi_2 = (s_{21}, s_{22}, \cdots, s_{2m}) \\ \vdots \\ \psi_n = (s_{n1}, s_{n2}, \cdots, s_{nm}) \end{cases} \tag{1.2}$$

其中,$n \in [1, St \mid T \mid]$,$St \mid T \mid$ 是 T 中包含的语句总数,语句 i 的语义向量表示为 $\psi_i = (s_{i1}, s_{i2}, \cdots, s_{im})$,每个领域特征词都用 ζ 维语义词向量来表示,特征词 j 的 ζ 维语义词向量为 $s_{ij} = (l_{ij1}, l_{ij2}, \cdots, l_{ij\zeta})$,并且对于 $\forall i \in [1, n]$,$j \in [1, m]$,$k \in [1, \zeta]$,有 $l_{ijk} \in \mathbb{R}$。

由于每个领域特征词都用 ζ 维语义词向量表示,所以文本的语义矩阵实际上是 n 行、$(m * \zeta)$ 列的实数值矩阵。例如,对于人民网网页 http://dangjian.people.com.cn/n1/2018/0925/c117092-30311345.html 中的文本 T^*,取 $n = 20$,$m = 100$,$\zeta = 100$,生成的文本语义矩阵 $\boldsymbol{\Psi}_{T^*}$ 为

领域关键词	党中央			人民		⋯	社会主义		⋯	关键词100
句子1	0.1249	0.0983	⋯	0.1145	0.0748	⋯	0.0000	0.0000	⋯	⋯
句子2	0.0000	0.0000	⋯	0.1249	0.0983	⋯	0.0000	0.0000	⋯	⋯
⋯	⋮			⋮			⋮		⋮	⋯
句子20	0.1249	0.0983	⋯	0.0000	0.0000	⋯	0.1249	0.0983	⋯	

其中 $\Psi_{T*} =$ (上述矩阵)

1.2.4　知识图谱(语义网络)

定义1.4　语义逻辑：在计算机信息处理学科中,它是一种应用"语义网"和"描述逻辑"理论对自然语言进行形式化描述和推理判断的方法。

知识图谱包含"实体""概念""内容""属性""关系"等对象。"实体"是现实世界中独立存在的、可以具体区别的某个人或者某个事物,例如"五年级二班的学生小王""北京故宫博物院"等。"概念"刻画现实世界中的人物和事物类别,是由多个同种性质的"实体"构成的集合,例如"计算机""国家"等。"内容"是对"实体"和"概念"的解释说明,一般使用语言文字、图片、表格、音频、视频等形式来表达。"属性"是"实体"和"概念"具有的性质,例如"国家"具有"面积"属性等。"关系"表示两个"实体"之间的关联性,可形式化描述为一个函数。知识图谱本质上是语义网络,通过三元组("实体""关系""实体")或者("实体""属性""内容")完成对知识的表示,可以使用有向图对其建模。在有向图中,顶点表示"实体"或者"概念",边表示"属性"或者"关系",一个结构简单的知识图谱示例如图1.1所示。

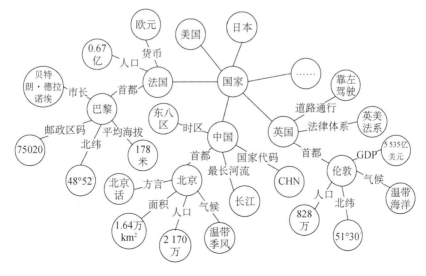

图1.1　知识图谱示例

知识图谱的构建方式分为自顶向下(top down)和自底向上(bottom up)两种。自顶向下方式是预先定义好知识的表示和存储模式,然后从原始数据库中提取知识并存入知识库。自底向上方式是先从开放链接的原始数据中提取知识并存入知识库,之后才来构建顶层模式。无论采用何种方式,其主要构建过程都包括"知识抽取""知识表示""知识融合""知识推理"等阶段,如图1.2所示。

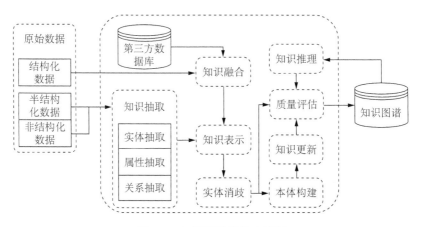

图1.2 知识图谱的构建过程

按照图1.2给出的过程构建事件描述的知识图谱时,原始数据来自编写的网络爬虫抓取得到的海量网络电子文献,包括Web文本和数据库文献等,而第三方数据可以使用例如复旦大学提供的开源百科数据集CN-DBpedia Dump,该数据集包含了900多万个百科实体和6 500多万条关系三元组,其中三元组以("实体""关系""实体")或者("实体""属性""内容")的形式存储,例如数据集中有关"'1·4'河南兰考火灾事故"和"'9·15'四川渠县重大交通事故"的关系三元组。从电子文献中获取的原始文本数据可能不完备和包含噪声,将采集的原始文本数据和CN-DBpedia Dump数据集进行知识融合和歧义消除,借助本体库构建事件描述的知识图谱,并通过Neo4j图数据库进行知识图谱的可视化表示。

CN-DBpedia Dump 数据集中三元组描述示例		
"1·4"河南兰考火灾事故	中文名	"1·4"河南兰考火灾事故
"1·4"河南兰考火灾事故	地点	河南〈a〉兰考县〈/a〉城关镇

"1·4"河南兰考火灾事故　　时间　　2013 年 1 月 4 日

"1·4"河南兰考火灾事故　　结果　　一人重伤

"1·4"河南兰考火灾事故　　结果　　七人死亡

"9·15"四川渠县重大交通事故　BaiduCARD　13 时 20 分左右,达运集团渠县通林公司一辆车牌号川 S31500 客车(准载 24 人,实载 24 人,其中学生 12 人)从渠县三汇镇开往渠县县城,行至渠县李馥乡境内平桥处与达州市亚通实业有限公司一辆满载河沙和鹅卵石的车牌为川 S37789 的货车相撞,导致客车侧翻至 3 米深的河沟内,并被侧翻货车的河沙和鹅卵石掩埋。截至 16 日,死亡人数已增至 21 人。

"9·15"四川渠县重大交通事故　　中文名　"9·15"四川渠县重大交通事故

"9·15"四川渠县重大交通事故　　事件　　交通事故

"9·15"四川渠县重大交通事故　　地点　　四川渠县

"9·15"四川渠县重大交通事故　　时间　　2013 年 9 月 15 日

1.3　文本的内容可信语义

1.3.1　内容信任概念

为了改善传统文本搜索返回结果不准确的情况,可以引入文本的可信语义来提高搜索的准确度。信任是一个抽象的概念,在计算机科学领域,它有实体信任和内容信任两种延伸概念,为了避免对这三种信任概念的混淆,更清楚说明如何在信息检索中引入信任机制,先给出如下定义。

定义 1.5　信任:是指在广泛的社会环境下,对某人或某事的品质和属性,或某个陈述的真实性的相信或依赖。

定义 1.6　实体信任:是指根据某一网络资源实体的身份和行为,对其可信性进行判断的一种机制,它是对该资源一个外在的描述,其建模的方法主要是基于实体本身的相关属性。

定义 1.7　内容信任:是指在特定的上下文环境下,根据网络信息资源本身的一段或整个信息内容,对该信息进行可信性评估的一种机制,其反映的是该信息源的本质特征,信息内容的可信程度由与内容信息相关的多种因素决定。

实体信任与内容信任的区别是,前者只考虑实体的身份和行为的可信性,是一种关于实体的一般断言;而后者是在给定上下文环境下,判断某段信息或具体内容的可信性。通常内容信任是信任主体的一种主观判断,有很多因素决定内容是否能被信任,例如时效性,对于两则新闻 A 和 B,它们的内容都真实、准确,其中 A 在时间上已经过时,B 的时效性强,那么 B 的可信度比 A 高。有些信息资源对某些信任主体是可信的,但对另外一些则是不可信的,例如小孩喜欢动画节目资源,而大人则会偏向新闻节目资源。内容信任还依赖上下文环境,某个信息资源按一般标准衡量,它是充分的、可信的,但如果需要更强的准确性,或者需要信息资源提供更翔实的描述时,原有的信息资源则是不充分、不可信的。下面具体阐述可信信息文本的特征和要素。

1. 信任动机

信任动机是指引起和维持信任主体活动,并使之朝一定目标和方向进行的内在心理动力,是引起信任行为发生、造成信任行为结果的最初原因。可以认为信任动机,就是为了满足一定的需要而引起主体信任行为的信念。在现实生活中,每个主体的信任行为都是由其信任动机引发的。

这方面的信任素材,主要体现信任主体目的、目标。例如相应的词语 desire, request, for, want, try for, attempt to, buck for, wonder。

2. 信任意愿

信任意愿是指在一定的情境下,尽管可能出现不同的结果,但是信任主体希望仍愿意信赖信任客体。受信任动机驱动,信任主体引发了信任意愿,而信任意愿又引起信任行为。这方面的信任素材可以分为两类来收集:

① 表明信任主体意愿的:例如 with pleasure, volition, will, would, would like to。

② 表明信任主体对信任客体情况寄托希望的:例如 hope, wish, expect, yearn for, despair, disappoint, look forward to, anticipate, await。

3. 信任行为

信任行为是受信任主体一定意识支配的表现,这里的意识主要包括信任动机和信任愿望。信任主体受信任动机的驱使产生了信任愿望,而信任愿望引发了信任行为,信任行为是指信任主体对信任客体的反应。

按照信任主体对信任客体的信任程度,可以将信任行为划分为 9 类,并对每一个类别列举了几个信任素材,如表 1.1 所示。按照分类,通过收集这些信任素材的同义词、近义词、反义词等可以构建一个信任素材库。

表 1.1　信任行为类别及相应信任素材举例

信任行为类别	信任素材举例
相当肯定	cocksure, convince, trust
肯　定	affirm, assert, asseverate, aver, allege
比较肯定	ensure, deem, propose, suggest, protest, claim, pledge, grantee, assure, think, take for
有些肯定	speculate, conclude, deduce, extrapolate, infer, reckon
不太肯定	imagine, surmise, guess, suppose, suspect, confer, conjecture, speculate
有些怀疑	waver, wobble, fluctuate
比较怀疑	illusion, misconception, deception, delusion
较多怀疑	misguide, qualm
十分怀疑	deceit, demurral, demurrer, dissent, dissidence, exception, object, trick, fault, deceit, deception

4. 信任依据

与信任行为相关的信任属性有 4 个,分别是信任依据、信任风险、信任程度和信任影响。其中,信任依据是信任行为赖以产生的前提或基础,其信任素材包括两个方面:

① 表明信任行为产生前提条件的:例如 if, if only, granting that, on the condition, in the event of/that, precondition, premise。

② 表明信任行为产生基础和根据的:例如 according to, for the reason of, since, because, due to, owing to, thanks to, in virtue of, on account of。

5. 信任风险

信任风险表明信任结果的不确定性,这种不确定性使得信任行为给信任主体带来一定的危险。例如下面这句话:Although you have told me that he is a liar, I can still believe him now。其中"Although"的使用,表明信任主语 I 的信任行为"believe"具有一定的危险。通过阅读大量的文献,可以总结出表明信任风险的素材一般是含有转折意味的副词、连词、介词和部分兼类词等。表 1.2 按照词性列举了一些信任风险素材。

表 1.2　信任风险素材举例

信任素材的词性	信任素材举例
副词	in spite of，even though，for all that
连词	whether，although，not to say，no matter，even so
介词	notwithstanding，while，despite
兼类词	nevertheless，but，howbeit

6. 信任程度

信任程度是描述和表达对信任客体的相信程度。信任行为和信任程度通常结合使用,例如 learn to release control and trust completely。这方面的信任素材可从两个方面收集,如表 1.3 所示。

① 表明信任行为程度:一般是程度副词,例如 absolutely，almost，barely，completely，enough。

② 表明信任行为程度的变化:例如 sharply，slowly。

表 1.3　信任行为程度变化的类别及相应信任素材举例

变化程度	信任素材举例
急剧地、突然地	sharply，steeply，dramatically，drastically，suddenly
显著地、快速地	considerably，significantly，noticeably，remarkably，rapidly
稳步地、逐渐地	steadily，moderately，gradually，smoothly
轻微地、缓慢地	slightly，slowly，mildly，moderately

7. 信任影响

信任影响是指信任行为发生的效应。这方面的信任素材除了表示因果关系的连词和副词外,还包括一部分动词。一般来说,这些动词通常以伴随状语的形式出现。例如 We attach importance to the traditional holiday，marking the sense of national pride and responsibility,其中以"marking"来引导子句表明"attach importance to"这一信任行为产生的效应。这方面的信任素材多以词典中可以作为伴随动作的动词或动词词组为主。

8. 信任时效性

表明时效性(Timelines)的语料是影响信息文档可信性的因素之一。在信息化和大数据时代,信息和数据爆炸式地增长和飞速变化,使人们在查找信息的时候,往往更相信那些时间上新的信息和数据。很多时候,使用近期数据和信息文档比使用 20 年前的数据和信息文档更可信,除非读者恰好需要 20 年前的数据。因此,过时的数据和信息文档,应适当对其表现的可信性打折。

这一类信任素材主要涉及的是时间词汇,包括表示时刻和时间段的语料。一旦文档中出现这些语料,那么应该对相关的时间数据所产生的可信性作相应的处理,对其可信性打个折扣。例如 year, month, day, quarter, as long as。

定义 1.8　文本信任属性:根据组成文本的字串,把能够反映文本可信性的相关文本属性称为文本的信任属性,包括文本的总长度、段落个数、文中的链接数等等。形式化定义如下:

$$TA(D) = (ta_1, ta_2, \cdots, ta_n) \tag{1.3}$$

其中,D 是包含文本内容的字符串,ta_i 是文本信任属性。

定义 1.9　信任事实:是指信息文本内容中,对某事物的概念、属性、特征等做不同程度的判断性(肯定或否定)描述的陈述句。

例如,"中国是亚洲国家"和"台湾是中国领土神圣不可分割的一部分",都是信任事实。而"你好吗"和"明天是星期天",则都不是信任事实,因为前者不是一个陈述句,后者中的"明天"不能明确表达某事物的概念、属性和特征。

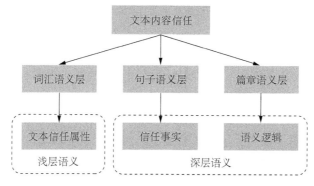

图 1.3　三种信任特征间的关系

从上述多个概念定义可以看出,可以从不同语义层对信息文本的内容可信性进行研究。如图 1.3 所示,在词汇语义层次上,可以选择"文本信任属性",因为词汇语义层代表了浅层语义信息,因此该信任特征又可称为浅层文本信任属性。在句子语义层上,可以选择"信任事实"作为研究对象。在篇章语义层,可以选择"语义逻辑"作为研究对象。句子语义和篇章语义均代表了文本的深层次语义信息,因此信任事实和语义逻辑也代表了深层次语义。

定义 1.10　信任证据: 文本中共同描述事件的发生时间、发生地点、发生原因、参与人员以及事件主题和事件结果的多条语句综合蕴含的内容语义,具有时间、地点、原因、参与者、主题和结果层面上的真实可信性。形式上,信任证据可以通过六元组来表示,某一事件经过推理,可以得到对应的唯一信任证据 $e =$ (time, address, cause, participants, theme, outcome)。信任证据的可信度对应着该事件发生的真实可信程度。

与信任事实的概念相似,信任证据同样是一个抽象概念,具有语义层面的真实性。判断事件描述是否真实可信时,要依据对同一事件的大量相关报道和论述,这些报道和论述可能源于不同的文献文本,因此信任证据的可信程度依赖于多个主题相关的文献文本。可以将信任证据的可信程度映射到实数区间 $[0, 1]$ 之内,规定完全可信的事件描述对应的信任证据可信度为 1,完全不可信的事件描述对应的信任证据可信度为 0,其他事件描述对应的信任证据可信度分布在区间 $(0, 1)$ 上。此外,由于信任证据的表示结构严谨,因此具有逻辑和可推理性,即假设事件 A 与事件 B 有关联,对应的信任证据分别为 E_A 和 E_B,则可以进行产生式推理得到新的事件 AB 对应的信任证据 E_{AB},$g:(E_A, E_B) \rightarrow E_{AB}$。

定义 1.11　文本内容可信性: 是指根据包含文本语义的字符串(即文本内容),用户所能获得的代表文本可信方面的语义信息,它具有主观性、可度量性、上下文相关性、动态性等特点。

文献中包含了大量的文本知识信息,通常来讲,信息质量较高的文献,例如学术科研论文,一般能够真实地反映出自然和社会事物发展的客观规律,具有很高的利用和挖掘价值。而另一部分信息质量较低的文献,在陈述内容时可能为了博人眼球、吸引注意而掺杂许多违背事实和客观规律的虚假消息事件。例如,2016 年 1 月,澎湃新闻未经核实就发布了江西省九江市浔阳区发生了 6.9 级大地震的消息,引起当时人民日报、新浪新闻、网易新闻等国内各大媒体的纷纷转发和传播,给当地居民带来了极度的社会恐慌。此外,2017 年 5 月,新浪微博大 V"安徽新资讯"和"合肥头条咨询"等网络用户为了在社交媒体中吸引更多数量的"粉丝",先后发布了合肥市、长沙市、杭州市等街头在同一时间出现了大量"小黄车"车座被插有携带艾滋病病毒针头的虚假消息,同时还上传了被插针头的车座图片,给"小黄车"租赁平台和社会带来了极坏的影响。诸如此类网络文本发布信息内容不真实的案例屡见不鲜,因此判断文本内容陈述的真实可信程度至关重要,可以采用文本可信度这一指标来度量和标注。

定义 1.12　文本可信度: 也称文本内容可信度,是指在信息文本中,语句内容所描述的所有事件和主题,与真实客观发生的事件吻合可以被相信的程度。

同样,可以使用实数区间[0,1]来刻画文本可信度,文本内容越真实可信,其可信度对应的实数值也就越大。显然,文本可信度与文本语句对事实、事件的描述息息相关,可以使用判断陈述句对应的信任事实以及从描述同一事件的多条语句和句群中推理提取出信任证据,来对文本的可信度做出度量和评判。

1.3.2　文本内容可信的影响因素

在信息文本中,存在一个实体组成的关联集合,它可反映信息文本的特征属性。例如,"约翰"作为信息内容的作者,"BBC.com"作为发行商,"理查德"作为编辑,它们都与该信息文本相关联。各种各样的关联中有许多与文本内容信任关系密切,各种影响因素如下:

(1)内容主题。它是文本所蕴含的中心思想,是信息的主体和核心,因此内容主题将直接影响信息文本的可信性,例如一个电影评论网站关于某部电影的评论不客观、不真实,用户就不会信任该网站。但是,如果网站关于电影的票价信息不准确,则对网站可信度的影响较小,因为该网站的内容主题是关于电影、导演和演员的评论,而不是电影票价。

(2)上下文环境。文档内容的上下文环境决定了用户判定内容是否真实可信的标准,它对文本内容可信判断起关键作用,例如文本内容在娱乐信息环境下,所表达的内容仅仅是娱乐,而不一定真有其事。

(3)流行度和被推荐度。如果信息资源被许多用户使用、引用,或者用户对信息资源的评价很好,那么它具有较高的内容可信度。

(4)权威性。整个信息文本发布源在该内容领域中的权威性影响文本内容的可信性,例如来自财经新闻中的汇率信息比来自其他论坛中更可信。

(5)一致性。文本内容与其他文本内容在关键点上一致,用户就可判断其内容可信,如果文档内容上有许多正方观点链接的信息,这样的文档可信。

(6)可选择性。信息文档选择和使用的匮乏,可能导致对不准确信息的信任,例如独家报道的传闻容易误导读者。

(7)偏好。一个具有作者偏好的信息文档,可能会令人误解而不真实,从而降低文本内容的可信度。例如,制药公司的产品介绍文档中,强调药物的实验结果而忽视某些不良反应及其他信息。

（8）时效性。有些信息资源是有生命期限的,过期则无效。例如,上市公司发布的上半年公司业绩报表,到下半年如果该报表没有被更新,那么在当前不具备参考价值,即使其中的各项数据都很详尽。

（9）外观。用户对信息文档外在的感觉,往往能够影响他对该信息的信任程度。例如,网站的设计和布局都对用户的信任程度产生影响。

（10）动机。如果一个信息文档有详细动机、用途说明,则该文档会更可信。例如,网上招聘信息越详细就越可信。

（11）详细描述。即精确而详细的内容比抽象的内容更可信。例如,有统计数据说明的、对特定城市特定区域内的房价预测比笼统的预测要可信。

以上是多种信息内容信任的影响因素。网络中信息资源的流行度是计算该资源被链接的数量,Google 搜索引擎的 PageRank 排序算法就是以流行度为基础的,但有些影响因素并不容易获取,例如信息文本的上下文环境以及信息资源的偏好等,这是内容信任研究人员面临的一个重要挑战。之后,本书将从文本可读性、文本事实陈述准确性和文本逻辑准确性三个方面度量信息内容的可信度,对应的方法分别是基于文本属性、基于信任事实和基于描述逻辑的内容信任度评估方法,并且让搜索引擎返回的结果按照内容信任度进行排序,使得搜索结果更加可信。

1.3.3　文本信任素材

在信息文档中,存在大量信任素材。在信任素材库的描述和构建框架中,一个比较重要的概念是信任素材的信任度 $Trde$ 的计算。信任素材的收集工作分两个阶段进行,首先可以从信息和数据来源中挑选与信任相关,且表达语义为十分信任的词语,构建信任素材库的种子集,然后利用词语之间的信任语义关系,对种子集进行横向和纵向扩展。第一阶段信任素材库种子集的构建可以采用手工分类的方法,人工挑选构成种子集。而在收集的第二阶段,主要是在上述手工挑选的基础上,对信任素材库进行扩展,并自动计算信任素材的信任度 $Trde$。主要思想是首先计算该信任素材和种子集中所有信任素材 $w_i(1 \leqslant i \leqslant n)$ 的相似度 $Sim(A, w_i)$,然后选取相似度最大的信任素材 w_j,假设 w_j 的信任度为 $Trde_{w_j}$,计算备选信任素材的信任度为 $Trde = Trde_{w_j} \times Sim(A, w_j)$。

上述信任度的计算需要考虑两个方面,一是种子集信任素材的信任度,二是词汇之间的相似度。由于种子集是人工筛选的、信任程度高的词,例如 believe, convince，affirm 等，因此可以将种子集的信任素材信任度设定为 1。而在计算词汇相似度时，提出的四种信任语义关系，根据被评估信任素材和种子的信任关系来计算它们之间的相似度。

1.3.4　信任度计算原则

为了使信任度计算更加客观准确，结合前人的研究经验，可以提出信任度计算中应遵循的几个原则。

（1）量化原则：信任度是一个数值，一般取值范围在[0，1]之间。在实际中需要结合信任度和信任极性使用。

（2）简单性原则：在计算信任度时，应该把计算的复杂度考虑在内。信任度计算复杂度应该低，尽量简单以方便计算。

（3）对称性原则：对称性是指信任素材之间的相似度计算应该符合下面等式，$Sim(A，B)＝Sim(B，A)$，对称性有利于多个信任素材间相似度的比较和换算。

1.3.5　影响信任度计算的因素

（1）语义重合度：是指两个信任素材包含相同信任素材的个数。语义重合度表明了两个信任素材间的相同程度。在实际计算中，可以转化为公共节点的个数。若用 $a(x)$ 代表从 x 节点上溯到根节点的节点数，则可用 $a(x)\bigcap a(y)$ 来表示 x，y 两个概念之间的语义重合度。例如，在收集信任素材的过程中，得到 believe 和 trust 的第一层上信任素材 expect，previse 的第一层上信任素材是 evaluate 等，如图 1.4 所示。因此，$a(\text{expect})$ 的值为 3，$a(\text{previse})$ 的值为 3，$a(\text{believe})$ 的值为 4。由计算可知：$a(\text{expect})\bigcap a(\text{previse})$ 的值为 2，$a(\text{believe})\bigcap a(\text{trust})$ 的值为 3。从直观上可以看出，随着语义重合度增加，信任素材间的相似度也增加，信任度也越接近。两个信任素材间的语义重合度越大，其相似度越大，信任度就越接近。例如，图 1.4 中 believe 和 trust 的信任度比 believe 和 expect 的信任度更加接近，因为前一种情况的相似度更大。

（2）语义距离：两个信任素材的语义距离，是指连接这两个信任素材的通路中的最短路径所跨的边数，用 $Distant(A，B)$ 来表示信任素材 A 与 B 之间的语义距离。一个信任素材与其本身的距离为 0。语义距离是决定信任度的一个基本因素。一般而言，两个信任素材的语义距离越小，其相似度越大，信任度就越接近。二者之间可以建立一种简单的对应关系，这种对应关系需要满足以下几个条件：①两个信任素材距离为0时，其相似度为1，二者信任度相等；②两个词语距离为无穷大时，其相似度为0；③两个词语的距离越小，其相似度越大（单调上升），信任度越接近。通过图1.4可以计算得知$Distant$(believe, previse)=3。

（3）层次深度：同样距离的两个信任素材，相似度随着它们所处层次的总和的增加而增加，随着它们之间层次差的增加而减小。如图1.4所示，believe 与 trust 之间的语义相似度，比 expect 与 previse 之间的语义相似度要高。因此，前者的信任度值更为接近。在计算词语之间相似度时，必须考虑深度这个变化因素。另外，计算两个不在同一深度上的信任素材的相似度时，信任素材间的深度差可以基本上反映深度也是一个重要因素。随着深度差的增加，信任素材间的相似度降低。如图1.4所示，节点 believe 与 expect 之间的相似度大于它与 think 之间的相似度，因此可以断定 believe 的信任度和 expect 更为接近。

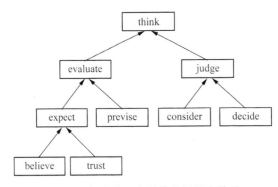

图1.4 部分信任素材的信任语义关系

综合上述应该考虑的因素，可以提出信任素材 x 的信任度 $Trde(x)$ 计算公式，过程如下。

首先，计算信任素材 x 和种子库中信任素材的语义相似度 $Sim(x, w_i)$：

$$Sim(x, w_i) = \frac{a(x) \bigcap a(w_i)}{Distant(x, w_i) \times (\mid h_x - h_{w_i} \mid + 1)} \qquad (1.4)$$

公式(1.4)中，$w_i (1 \leqslant i \leqslant n) \in$ 信任素材库的种子集，$a(x) \bigcap a(w_i)$ 表示信任素材 x 和 w_i 的语义重合度，$Distant(x, w_i)$ 表示信任素材 x 和 w_i 的语义距离，h_x 和 h_{w_i} 分别表示信任素材 x 和 w_i 在 WordNet 网络中的层次深度。

其次，计算信任素材 x 的信任度 $Trde'(x)$：

$$Trde'(x) = \max(Sim(x, w_i)) \times Trde(w_j) \qquad (1.5)$$

公式(1.5)中，$w_i \in$ 信任素材库种子集 $(1 \leqslant i \leqslant n)$，同时 $Sim(x, w_j) = \max(Sim(x, w_i))(1 \leqslant i \leqslant n)$，即 w_j 是种子库中与信任素材 x 相似度最大的信任素材。

通过公式(1.4)和公式(1.5)，可以得到符合前面提出的相关因素的要求，其计算结果取值范围为大于 0 的小数。下一步所做的工作，是将计算结果进行归一化处理，即让信任度的取值范围为 $[0,1]$。可以采用的归一化公式如下：

$$Trde(x) = 1 - u_0^{Trde'(x)} \tag{1.6}$$

公式(1.6)中，u_0 是归一化因子，取值为大于 1 的正实数。u_0 取值越大，计算结果趋近 1 的速度越快。

从上述公式中可以看出，当计算信任素材 x 和种子集中所有信任素材 $w_i(1 \leqslant i \leqslant n)$ 的相似度 $Sim(x, w_i)$ 时，选取相似度最大的信任素材 w_j，假设 w_j 的信任度为 $Trde(w_j)$，则计算备选信任素材 x 的信任度 $Trde(x) = Sim(x, w_j)Trde(w_j)$。在编程实现时，信任素材信任度的计算步骤如下：

① 初始化种子集信任素材的信任度，将其设定为 1.00；

② 计算备选信任素材和种子集信任素材间语义重合度、语义距离、层次深度差；

③ 计算备选信任素材和种子集信任素材的信任度；

④ 归一化处理。

表 1.4 为根据图 1.4 进行计算的结果，计算时令 $u_0 = 10$。值得注意的是，信任度是一个绝对值，要全面评判一个信任素材的信任情况，还要结合素材的信任极性。

表 1.4　英语信任素材库部分信任素材的信任度

信任素材	信任度	信任素材	信任度	信任素材	信任度
expect	0.75	consider	0.71	appraise	0.39
think	0.11	anticipate	0.77	foresee	0.84
decide	0.74	measure	0.54	previse	0.79
convince	0.94	claim	0.82	deem	0.85
evaluate	0.55	counter	0.62	judge	0.66

1.4　内容查找和检索需求

定义 1.13　信息检索：是指将信息按一定的方式组织和存储起来，并根据用户的需求找出相关信息的过程,这是广义的信息检索。狭义的信息检索则仅指该过程的后半部,即从信息集合中找到所需要的信息的过程。

定义 1.14 信任驱动的信息检索:是指检索过程中不仅要找到与查询关键词相关的信息,还要保证找到的信息内容是用户所信任的。

将信任概念引入互联网信息检索,即用户对搜索引擎返回结果的相信和信赖。如何预知用户是否信任返回的搜索结果?实体信任认为,可以通过对信息所在站点身份的合法性判断以及该站点之前行为记录的好坏,推导出站点提供的信息是否可信。显然实体信任没有关注信息的内容本身,即使一个具有合法身份和良好声誉的站点也有可能提供一些不可信信息,这可能是由该站点的失误造成的。所以,应该从最本源的信息内容来判断信息是否可信。信息内容的类型多种多样,既有文字、符号、声音、表格,还有图形、图像和动画等,特别应该关注含有文字的信息文本的可信度。可信搜索技术就是利用内容信任机制,通过对文本内容的"文本信任属性""信任事实"和"语义逻辑"的信任度量,来判断信息可信性的一次搜索和实践。

1.4.1 检索的方式

1. 传统信息检索

传统信息检索即手工检索,是利用各种专门用于检索印刷出版物的检索工具,来查找所需要信息的手段。其检索方法主要有以下几种。

直接检索:这是人们最常用的一种查找信息的方法,例如去图书馆查阅各种图书、期刊以及其他资料。寻找所需要的信息,需要花大量的时间和精力。以前文献资料较少时,还能达到目的。而在信息大量产生的年代,则犹如大海捞针。

间接检索:就是利用各种检索工具获取线索,再根据线索查找原始文献的信息的方法。间接检索可分为:①追溯法,通过已知文献所附的参考文献"由一变十,由十变百"的进行追溯查找有关信息,还可以利用各种"引文索引"等工具进行追溯检索;②工具法,利用各种检索工具进行查找文献,是文献检索最常用的方法。

2. 现代信息检索

现代信息检索是指计算机及网络信息检索,它是在手工检索、机械检索及光电检索基础上演变过来的,且在不断地发展。

计算机单机检索:是计算机检索的初级形式,随着计算机存储介质的发展变化,也在不断发生变化。目前主要有计算机磁盘检索、计算机磁带检索和计算机光盘检索三种方式。

网络检索：计算机网络检索是近年来发展起来的，目前主要有图书馆局域网络检索、联机检索系统检索和 Internet 网络检索三种方式。

1.4.2 检索意愿的表达方式

信息检索时的用户意愿表达是影响信息检索结果的重要因素，准确有效的检索需求表达可产生较高的查准率和查全率，而含糊不清或者计算机难以理解的需求表达会造成查全率和查准率的下降。

1. 关键词法

关键词法把用户感兴趣的关键词按顺序组织在一起表达用户检索需求，但在自然语言中，许多词语有争议性，因此使用这种方法可能会引发一些错误。例如"尖锐"这个词有三个含义：①刺耳的(形容声音)；②锋利的，深刻的(形容言语)；③激烈的(形容思想斗争和矛盾)。只要一篇文档中含有"尖锐"这个词，信息检索不会区分它表达的是哪种含义，就会认为这篇文本是与用户需求匹配的信息。另外，如果文本中没有"尖锐"这个词，无论是否出现"刺耳""锋利""深刻""激烈"等词语，检索信息处理系统都会认为这篇文本与用户需求无关。因此，关键词法可能降低查全率和查准率。

2. 布尔表达式法

布尔表达式是把用户感兴趣的关键词用布尔运算符连接起来表达用户检索需求。常用的布尔逻辑符有三种，分别是逻辑或"OR"、逻辑与"AND"、逻辑非"NOT"。例如，表达式：小的 AND(飞机 OR 轮船)AND(国外的 OR 第三世界)。布尔表达式法是关键词法基础上的组合和拓展，但是它的查全率和查准率还是比较低，因为布尔表达式法太机械了。例如，如果一篇文中含有"飞机"和"小的"，但是没有提及国家，那么即使这是一篇相关文本，它也不会与布尔表达式匹配成功。布尔表达式法相比简单的关键词法，在查准率方面有所改善，因为它可以通过布尔运算符连接的其他关键词对多义词的含义进行选择判断。

3. 权重表示法

权重表示法给每个关键词赋予一个 0 到 1.0 之间的值，即关键词的权重，它表示一个关键词在检索需求中的重要程度。一个权重为 1.0 的关键词能很理想地表达需求信息的有关内容，而一个权重为 0 的关键词表示它与需求信息的无关。在权重表示法中，每个关键词的权重都会对信息检索和信息过滤的查全率和查准率产生影响。因此，在生成用户需求的模板时，权重的赋予是关键问题，合理的权重会产生良好的查全率和查准率，不合理的权重会影响检索系统信息处理的性能。

4. 短语表示法

在短语表示法中,用短语代替关键词来表达用户需求,每个短语由一组词依次结合而成,它是基于这组词互相之间的特定联系。因为短语可以消除单个关键词产生的影响,所以利用这类信息可以进一步过滤掉无关内容,从而提高信息检索的准确性。短语表示法的查准率和查全率较关键词法有所提高,这是因为短语保全了自身的原始含义,消除了由分割产生的其他概念和含义。

5. 同义词法

即使两个人有完全相同的检索需求,他们也不可能用完全相同的方式来表达,这是因为自然语言中蕴含着丰富的变化,存在着同义词、存在着相同词语的不同书写形式、存在着外来语的不同音译形式等。因此,若对用户的需求表达进行扩展,加入一些同义词或者是同一个词的不同形式,会增加信息检索的鲁棒性,提高查全率。

6. 区域法

大多数文本都有基本的组织结构,即标题、主题段、内容主体和结论等。区域法根据关键词在文本中出现的不同区域进行辅助判断,如果在两个不同文本的相同区域出现了相似的词语或者短语,这就增加了两个文本涉及的同一主题的可能性。区域法可以在不降低查准率的情况下提高查全率,但它的最大问题是文本的结构有很多的变化形式,会影响按区域法原则进行判断。

以上多种用户检索需求表示方法分别有各自的优缺点,在信息检索过程中,对查全率和查准率也会产生不同的影响。

1.5 搜索引擎的发展历程、现状及发展趋势

网络信息爆炸性增长,人们不再担心没有信息,而是在海量信息面前,找不到自己满意的信息,导致了搜索引擎的出现。Web 搜索引擎是指用来对 WWW 站点资源和其他网络资源进行索引、提供信息资源导航、检索服务的服务器或网站。1990 年,麦吉尔大学的三名学生 Alan Emtage、Peter Deutsch、Bill Heelan 发明的 Archie 是搜索引擎的始祖。1994 年 4 月,斯坦福大学两名博士生 David Filo 和杨致远共同创办的超级目录索引 Yahoo 被称为第一代搜索引擎。1998 年 9 月,Larry Page 和 Sergey Brin 研制的第二代搜索引擎 Google 加入了 PageRank、动态摘要、网页快照、Daily Refresh、多文档格式支持、地图股票词典寻

人等集成搜索、多语言支持、用户界面等功能上的革新,使搜索引擎的定义更加丰富,成为当今世界使用最广泛的全文搜索引擎。2000 年 1 月,李彦宏和徐勇博士在北京中关村创立了百度(Baidu)公司,宣布面向中文的搜索引擎诞生。

纵观国内外出现的各种搜索引擎,按照信息搜集方法和服务提供方式的不同,搜索引擎系统可以分为目录式搜索引擎、机器人搜索引擎和元搜索引擎三种。通常,一个搜索引擎由搜索器、索引器、检索器和用户接口四个部分组成。搜索器的功能是在互联网中漫游,发现和搜集信息。索引器的功能是理解搜索器所搜索的信息,从中抽取出索引项,用于表示文档以及生成文档库的索引表。检索器的功能是根据用户的查询请求在索引库中快速找出文档,进行文档与查询的相关度评价,对将要输出的结果进行排序,并实现某种用户相关性反馈机制。用户接口的作用是输入用户查询、显示查询结果、提供用户相关性反馈机制。机器人搜索引擎与目录式搜索引擎的区别是,前者使用机器人在网络中发现、搜集信息,并自动分析以倒排序算法建立索引,而后者需要人工搜集或者 Web 站点的作者主动提交,再由人工对站点和文档进行评价、分类并给出简要描述,最后经过处理的 Web 信息资源按照主题分类并以树的形式加以组织。元搜索引擎没有自己的数据库,而是将用户的查询请求向多个独立搜索引擎递交,再对返回的结果进行重复排除、重新排序等处理后,作为自己的结果返回给用户。

在浩瀚的信息汪洋中,搜索引擎是帮助用户准确定位信息的有效工具,也是日常生活中不可或缺的工具。据国外互联网流量监测机构 comScore 的统计,2009 年 7 月,全球用户搜索次数已达 1137 亿次;中国互联网信息中心(CNNIC)公布的统计数据显示,截至 2020 年上半年,我国搜索引擎用户规模为 7.66 亿,占网民整体的 81.5%。

随着搜索引擎越来越频繁地被使用,人们对其也提出了越来越高的要求。根据搜索引擎的功能和性能评价要求,现在的搜索引擎还存在各种问题,如:①查全率和查准率低。即使功能最完善的搜索引擎也只能找到 Web 上大约 1/3 的网页,查全率无法保证。另外,网络信息海量、繁杂无序、网页的无效链接、查询结果重复、信息已过期、信息失真等问题大大降低了搜索的查准率。②网页作弊问题。既然搜索引擎成为网络用户获取信息的工具,从而出现了针对搜索引擎网页排名的作弊现象。网页被其他网页链接得越多,排名越靠前,但信息内容并不一定越有价值。③安全性问题。搜索引擎功能越来越强大,有渗透到互联网每一个角落的趋势。据美国 News-Factor Network 进行的一项非正式调查显示,任何具有不良意图的人通过搜索引擎有可能找出相关人员信用卡号码、个人数据及最近交易记录等信息。搜索引擎的安全漏洞无意中给黑客带来可乘之机。④检索功能问题。目前的搜索主要是对全文数据库、书目数据库、检索工具索引的查询,但检索点太少,不能做到条件联动检索。此外,当前的搜索引擎大多数都只能对文本检索,不能对图像、图形、图表、音频、视频等多媒体检索。⑤信息更新不及时问题。据报道,网络信息每 100 天增长 1 倍,搜索引擎不仅需要及时补充新信息,同时还应定期将过期无价值信息删除,例如一些无效链接、打不开的网页等。搜索引擎数据库巨大,不易更新,信息质量也难以保证。劣质及无效信息降低了搜索引擎查准率,也影响了用户快捷地获取有价信息的信心。⑥搜索引擎的规范化问题。包括检索词没有规范化问题、英文汉字切分问题、同一结果重复出现和查询接口标准问题。⑦用户查找需求表达不准问题。

为了解决在搜索引擎发展中的诸多问题,研究人员一直在探索新一代的搜索引擎发展方向,其目标就是采用新兴的搜索技术为用户提供简便易用、精确高效的搜索工具来满足用户的信息查询需要。NEC 美国研究所的 Steve Lawrence 和 C. Lee Giles 早在 1998 年和 1999 年分别在《科学》和《自然》杂志上撰文对搜索引擎技术进行了评述。卡内基梅隆大学 Tom Mitchell 教授、香港大学 Michael Chau 教授等学者以及国内北京大学的李晓明教授、中科院计算所的诸葛海研究员、北京航空航天大学的李舟军教授等共同指出搜索引擎将朝以下几个方向发展:①探索能充分表达用户查询要求的查询语言;②索引数据库的有效组织和管理,以应对大容量的、非结构化的信息进行增、删、改操作;③信息的自动加工,以应对信息准确的分类和标引;④基于内容的信息检索,进行 Web 信息智能挖掘处理;⑤进一步提高检索的查准率,提高搜索结果的相关度;⑥提供个性化检索服务、本地检索服务、专业检索服务,实现信息推荐、自适应搜索服务;⑦增强检索界面的友好程度。Google 前全球副总裁李开复博士更加明确地指出:把整合搜索、移动搜索、智能搜索、个性化搜索结合起来,以达到这样的效果——在合适的时间、合适的地点、提供合适的信息给合适的人,这是 Google 未来发展的目标。

1.6　文献搜索的评价机制

1.6.1　影响搜索准确度的问题

在使用传统基于关键词匹配的文献搜索方法时,从对用户提交搜索请求进行识别处理、进行文本和关键词匹配、最终用户得到文本搜索结果这一过程来看,影响搜索准确度的关键问题,不外乎用户的搜索请求不够明确清晰和搜索匹配过程不够"准确"和"智能"。

　　搜索请求是用户真实的搜索意愿体现,是开展搜索过程的关键依据。如果搜索请求表达不清晰、不明确、不合理,在搜索时都会无法判断出用户真实的搜索意图,从而导致得到不准确的搜索结果。实际上,在进行搜索时,用户常常输入通过自然语言组织的字符串关键词,但是自然语言在形成和发展过程中,具有表达不确定性和随意多样性,计算机处理、学习和理解自然语言还不十分成熟和有效,因此在搜索中很难准确理解清楚用户的搜索意图便无可厚非。尽管如此,期望用户能够更加详细、认真、准确地录入搜索请求,搜索引擎准确地理解搜索意图是非常关键的。对于一次搜索来讲,即使理解用户搜索意图存在困难,但是仍然可以进一步集中和缩小搜索范围。此外,搜索引擎支持用户请求录入的方式比较友好简单但又有局限性,常见方式是提供一个请求输入框,例如图 1.5 展示了著名的"百度"搜索提供的用户搜索请求输入方式,用户很难清晰准确地表达自己的搜索意愿,并且一旦用户输入较详细的搜索请求时,很多搜索引擎对此又表现出不友好,即不支持用户输入详细的搜索意愿,例如早期的"百度"搜索限制用户搜索请求描述在 38 个汉字以内。

图 1.5　"百度"搜索提供的常见用户搜索请求输入方式

　　搜索匹配过程不完善和"不智能",是影响搜索结果准确度的另一个重要因素。在使用关键词匹配技术进行文献搜索时,确实能够查找到和返回一些包含搜索关键词的文献结果,然而经过仔细分析后发现,其中很多文献都因为含有部分关键词而被搜索引擎检索,由于关键词不能代表和体现文献的综合、整体、全面的语义,这些文献实际上并不符合完整的用户搜索请求、满足用户的搜索需要。为了提高文献搜索准确度,研究人员尝试改进关键词匹配的搜索方式,并且从其他思考角度考虑重新设计搜索方法,例如从用户日志、用户偏好、用户反馈、文献语义关联挖掘等各个方面设计的搜索匹配方法。在搜索过程中,如何挖掘文献信息和文本语义,使得在理解用户请求关键词语义基础上,进行文本和关键词的语义相关匹配,是"智能"文献搜索研究发展的新方向。

在文献搜索中,评估搜索结果质量的"好坏"以及衡量搜索方法的准确性、搜索引擎的满意性是十分有意义的工作。当前,学术界对文献质量的好坏情况还没有统一的认识或定义,对于搜索方法和搜索引擎的评估度量,可以从搜索方法支持用户搜索请求的输入方式、搜索引擎的效果性能和数据库检索覆盖情况三个方面考虑。

1.6.2　从搜索请求输入角度评价

搜索时想要清晰地理解用户搜索请求是一个复杂而且困难的过程,常见的搜索方法都是支持用户输入自然语言组织的字符串关键词作为搜索请求录入,并且部分搜索引擎还限制了关键词的输入长度,很大程度上阻碍了用户丰富的搜索意愿表达。纵观搜索引擎的发展历程,不同阶段都会出现不一样的搜索方式,例如布尔逻辑搜索、模糊搜索、精准搜索、概念搜索、字段搜索、自然语言搜索、多媒体搜索等。

对于处理得到的用户搜索请求关键字序列$(q_1, q_2, \cdots, q_\beta)$:布尔逻辑搜索通过逻辑运算"与"($\wedge$)、"或"($\vee$)、"非"($\neg$),将请求关键词依次组合形成逻辑搜索式(例如 $q_1 \wedge q_2 \vee q_3 \vee \cdots \neg q_\beta$)后进行搜索;模糊搜索根据搜索关键词 q_i 及其同义词、近义词等一起进行匹配搜索,一般能够得到较多的搜索结果;精准搜索是在文献数据库中找出文本内容包含搜索关键词 q_i 的文献,一般通过关键词结合引号(" ")的方式实现,例如精准搜索"q_1""$q_2 q_3$";概念搜索从语义理解角度出发,分析和利用用户搜索请求中存在的多个概念来开展搜索;字段搜索根据用户提供特定的字段数据进行搜索,例如文献搜索中可以限定文献的作者、发布时间等;多媒体搜索则允许用户使用图片、语音等多媒体资源开展搜索。

参照以上的搜索方式,搜索方法如果能够多角度、多方式地支持用户表达和提交自己的搜索意愿,诸如不仅支持用户输入字符串关键词进行搜索,而且可以允许用户提交关键词段的逻辑搜索式,选择精准搜索还是模糊搜索方式,输入更准确的语音搜索意愿等,相比于只允许字符串关键词输入的搜索方法,无疑将获得更佳的搜索结果。因此,是否能够多角度、多方面、综合地支持用户进行搜索请求的表达和提交,是评估搜索方法输入"好坏"的重要依据。

1.6.3 从搜索效果和性能角度评价

搜索效果反映了搜索方法和搜索引擎对用户提交的请求意愿进行搜索时的性能和效率,通常可以从搜索查全率、查准率、重复率、结果相关性排序、响应时间等方面进行衡量和评估,其中查全率和查准率是两个相对重要的评价概念,分别通过定义 1.15、定义 1.16 给出。在搜索时,期望搜索引擎的响应时间尽可能地短,同时具有较高的查全率和查准率、较低的搜索结果重复率以及更加合理的搜索结果与用户请求的相关性排序。

定义 1.15 **查全率**:搜索系统从文献数据库中,搜索得到的与用户请求相关的文献信息量与文献数据库信息总量的百分比。用 $Recall$ 表示查全率,λ 表示搜索出的与用户搜索请求相关的文献信息量,ξ 表示文献数据库信息总量,则查全率 $Recall = \lambda / \xi$。

定义 1.16 **查准率**:搜索系统从文献数据库中,搜索得到的与用户请求相关的文献信息量,与搜索返回的所有文献集合中文献总量的百分比。用 $Precision$ 表示查准率,λ 表示搜索出的与用户搜索请求相关的文献信息量,φ 表示搜索返回的文献总量,则查准率 $Precision = \lambda / \varphi$。

1.6.4 从数据库检索覆盖角度评价

互联网中传播存储的信息范围广、数量多,在文献搜索中,搜索引擎搜索涵盖的文献数据库检索范围,是度量搜索质量和搜索过程的另一个重要指标。事实上,数据库检索覆盖情况与搜索效果息息相关,定义 1.15 和定义 1.16 中都涉及了文献数据库。当根据用户提交的检索意愿搜索时,假如文献检索数据库选择不合理,则无法有效地评估出搜索效果。目前,支持关键词匹配的全文搜索数据库已经被广泛地应用于搜索领域,例如汇集期刊、图书报纸、硕博学位论文、会议论文在内的多种源数据库,包含了总量超过亿万份的电子文献,而且每年还在不断地增长。可以定义数据库覆盖度来表示搜索时的文献数据库依赖情况。

定义 1.17 **数据库覆盖度**:是指搜索引擎所依赖和使用的文献数据库综合加权度。假设集合 $K = \{k_1, k_2, \cdots, k_n\}$ 包含搜索过程可以依赖的全部 n 个文献数据库,对于文献数据库 k_i,其重要程度为 Imp_i,在搜索时被依赖度为 Dep_i,则数据库覆盖度 $Cover = \dfrac{1}{n} \times \sum\limits_{i=1}^{n} Imp_i \times Dep_i$,其中 $Imp_i \in [0, 1]$,

$$Dep_i \in \{0, 1\}, \sum_{i=1}^{n} Imp_i = 1 。$$

1.7 可信搜索技术及提高 Web 搜索质量的策略

经过十几年的技术发展和推广应用,搜索引擎正日益渗透到人们日常生活的方方面面,人们对信息的获取越来越依赖搜索引擎。在全世界网民中,搜索引擎的使用率仅次于电子邮件而位居第二,随着对搜索引擎的使用不断走向深入,用户的要求也在提高。准、全、新、快是衡量搜索引擎性能优劣的四个重要指标,任何一个成功的搜索引擎,它必须保证用户在使用时能够搜得准、搜得全、搜得新、搜得快,这构成了一个完整的用户体验,任何一个环节出了问题,都有可能导致用户满意度的下降,而且用户希望搜索引擎在这些方面能做得更好。针对以上要求,搜索引擎公司、国内外知名大学和研究机构近年来做了许多工作,以力求日趋完美。

1. 过滤垃圾页面

Web 垃圾信息泛滥,不仅浪费了搜索引擎的带宽和时间等宝贵资源,更重要的是,它们的存在大大降低了搜索引擎的查询质量和查询效率,极大地影响了用户对 Web 信息的有效使用。搜索引擎主要在两个方面进行了反击:①在"爬虫"Crawler 抓取阶段即时进行过滤,滤去那些质量极低、毫无实际内容可言的"高纯度垃圾",这样可以节省网络带宽、费用、抓取时间、存储空间等,并且大大减轻了下一步在信息分类、信息组织和查询匹配上的负担。②在信息分类和组织阶段,计算网页信息的可信度,在用户查询信息时,把可信度作为一个重要因子对查询结果进行排序,从而提高查询结果的信息质量,满足用户的实际需要。其中有代表性的研究成果如下:

(1) Google 在 2002 年就注意到 Web 垃圾信息日渐泛滥的问题,提出要在自己的排名算法中,加大页面质量的权重。

(2) Microsoft 对近 6 亿页面进行了研究,从 URL 属性、Host Name 的解析、链接关系、内容特点等几个方面分析了 Web 垃圾页面的特点,并试图按照这些统计属性来确认 Web 垃圾页面。

(3) 斯坦福大学的 Gyongyi 等人受 Haveliwala 的"Topic-Sensitive PageRank"思想的启发,认为好的页面所指向的链接页面通常也是好的,于是他们提出了 TrustRank 的概念,依靠一个人工选取的好种子页面集,计算它们的传播结果,从而对 Web 站点按可信度排序,进而把所有站点分为"好"和"坏"两种。他们对 Web spam 进行了分类研究,并对 link spam 联盟技术做了分析。

虽然很难见到 Google、Yahoo 等搜索引擎关于如何去除垃圾页面的技术报告,但它们一直在做这样的工作,并且已经有所应用,这点从相关产品的使用体验中可间接地验证。

2. 提高查询准确度

大多数搜索引擎都是根据关键词匹配查找相关结果,对于一次查找请求,动辄返回几十万、几百万份文档。面对海量的返回结果,用户只能在其中浏览筛选,而其中只有少部分结果对用户来说是有用的。实际上,大部分用户都没有足够的耐心去浏览多页结果,如何使用户想要的查找结果出现在返回结果的前列,最好是在第一页,目前解决该问题的主要方法有:

(1)通过各种方法获得用户没有在查询关键词或短语句中表达出来的真正意愿,包括:①使用相关度反馈机制,使用户告诉搜索引擎哪些文档和自己的需求相关及其相关程度,哪些不相关,通过多次交互逐步求精;②使用智能代理跟踪用户检索行为,分析用户模型;③鼓励用户注册使用,以便更好地分析用户的需求特点和喜好。

(2)使用正文分类技术将查询结果分类,使用可视化技术显示分类结构,用户可以有选择性地浏览自己感兴趣的类别,Google News 就采用了这种方法。

(3)使用链接结构分析进行站点聚类或页面聚类,然后将信息推荐给用户,Vivisimo 公司就是采用对搜索结果自动聚类的办法来满足不同类型用户的搜索需求。

(4)改进排名算法是提高查询准确度的最有力方法,Google 的排名规则一直在变化中,2001 年基于 HillTop 算法进行的优化是比较明显的改善。

3. 支持对多媒体和 Deep Web 的搜索

随着多媒体信息在网络上的大量涌现以及人们对多媒体信息需求的高涨,知名搜索引擎如 Google、Yahoo、Alta Vista、Lycos、AllTheWeb 等对于多媒体搜索的能力也在不断加强。它们或在一个统一的用户界面上提供资料类型选择,或直接提供独立的多媒体搜索引擎。另外,各种图像搜索引擎和各种娱乐搜索引擎也不断涌现。这些搜索系统可以在很大程度上满足用户的需求,然而它们对多媒体搜索的支持都还在初级阶段,基本上是基于文本关键词和自动标注进行多媒体信息检索,缺乏基于图像、音频、视频内容进行比对检索的功能。值得一提的是,为了抗衡搜索巨头 Google 和 Yahoo,法国前总统希拉克在 2006 年新年讲话时宣布,法国决定联手德国,抓住多媒体搜索这个机会,开发真正的多媒体搜索引擎 Quaero,以应对 Google 和 Yahoo 带来的全球挑战。

Quaero 的拉丁语意是"我搜",该项目的目标是,搜索时无须借助文字描述就能"读懂"图像、音频和视频的内容。目前,这样的图片识别程序已经存在,另外还有一些可将语音转化为文字的音频解析程序,Quaero 项目组面临的挑战是,如何改进这些工具以提高搜索准确度,同时提高速度,适应大数据量的检索。

Deep Web 已经拥有不少研究者,例如来自斯坦福大学和伊利诺伊大学的学者们,他们分别搭建了 HiWE 和 MetaQuerier 两个很好的原型系统。也有一些搜索引擎能够搜索 Deep Web 信息,例如 www.vlib.org,www.completeplanet.com,www.vivisimo.com 等。然而,它们或者应用范围太小,或者搜索 invisible 信息的能力太弱,很多时候使用起来不能得心应手。国内的百度搜索引擎于 2008 年提出"阿拉丁"计划,旨在超越现有 Web 内容的限制,对包括众多未纳入搜索引擎检索体系的 Deep Web 在内的所有信息进行更深一步的分析、融合、处理,以使这些信息能最富有效率地被用户通过搜索引擎进行检索。由该计划产生的阿拉丁开放平台由百度创建,并于 2009 年年初面世,相关研发结果也将相继体现到其搜索体系之中。

4. 整合实时搜索结果

当前网页搜索返回的结果信息,一般是在几小时或几天甚至几个月以前被预先存放在搜索引擎的数据库中的 Web 网页信息,用户实际上是在搜索引擎的数据库中查找信息。那么,互联网络中最新产生的信息,如实时新闻,由于没有被搜索引擎数据库及时收录,用户就不能在第一时间通过搜索引擎找到这些信息。为了解决这一问题,主流搜索引擎提供新闻垂直搜索服务,将结果整合到普通网页搜索结果集中。另外,随着社交网络、自媒体的蓬勃发展,大量用户在其中发布发生在身边的实时信息,使得一些重大新闻在社交网络上发布的速度比权威新闻站点更快,因为新闻网站发布新闻需要按照一套严格的流程执行,势必需要更多的时间。针对时效性更强的社交网络,搜索引擎有必要将其中的信息也整合到搜索结果集中。目前,Google 已与著名社交网站 Facebook、Twitter、Myspace 达成协议,在搜索结果中整合来自三家社交网站的实时信息。国内的百度也整合了贴吧中的实时信息到网页搜索结果中。

5. 提高搜索引擎速度

用户在使用搜索引擎时,对速度的要求是非常高的,有时甚至超过搜索准确度。用户也许还能容忍查询结果不尽如人意,搜索范围不够广泛,但是如果一个搜索系统每次查询要等上几分钟乃至半小时,那么可以想象,除非必须,否则用户很难有如此耐心。

　　加快搜索引擎的速度有三方面的含义:一是信息搜集速度;二是信息处理速度;三是提供服务的速度。搜索引擎系统的处理能力总体来说一直在随着硬件设备和网络建设的发展不断提高,例如几大主流搜索引擎一直在扩大服务器集群,租用更高带宽的线路,在世界各地建立更多服务器组等,但这种提高还只是渐变而没有发生过质变,期望超高速宽带、5G 网络的建设能够对未来的搜索引擎有大的提速,甚至能引起飞跃。

1.8　本章小结

　　本章阐述了内容信任和信息检索的许多概念,特别给出了文献的一般表示方法和语义矩阵表示,同时给出了内容信任的相关定义,引出将从三个不同语义层次研究信息文本内容信任的判定方法,并指出内容信任评估的主要对象为互联网中文档包含的文本信息,暂时忽略其中的声音、图形、图像对内容信任的影响,总结了影响信息文本内容可信度的若干因素,探讨了文献搜索的评价机制,分析了提高 Web 搜索质量的相关策略。

第 2 章

基于文本信任属性的文本
信任度评估方法

2.1　文本信任属性

　　基于文本信任属性的内容可信性判断,区别于常规的文本分类的最大地方是基于信任语义的文本信任属性特征向量的构造。对于常规方法,特征向量中的特征项取自文本中的字、词或短语,特征项的权值由特征项在文本中出现频率、位置等信息计算得到。这种特征项的选取方法是非常直观的。例如,文本中出现词语"姚明",那么此文本很可能是体育类的。进一步,如果"姚明"在文本标题出现或在正文中多次出现,那么此文本分到体育类的可能性是非常大的。可信文本分类与此不同,文本中多次出现词语"相信",即使是词语"十分可信",也不能说明这个文本是可信的。可见,文本中孤立的字、词、短语等都不能简单地衡量文本的可信程度。

　　文本的可信性与文本的权威性、广泛性、信誉度、上下文环境等息息相关,其中对一些指标的量化已经得到了有效解决。例如,通过计算指向文本的链接数目可以计算广泛性,而借助信誉度也可以评价文本的真实性。这些方法是通过第三方来评判文本的可信性,而对于如何根据文本本身判断其可信性,还没有一个可行的方案。凭借文本自身内容,可以从文本的可理解性和表述性两个方面考察其可信性。

　　所谓可理解性(Understandability),是指文本信息是否能够表达得有序清楚、易被用户理解、可读性强。可理解性反映了文本信息的可用性,可理解性较好的文本可信性较好。用户对文本的理解程度取决于很多方面,通过大量观察发现,可以从以下三种文本信任属性衡量文本的可理解性。

（1）文本中常用词条比例（Fraction of Popular Words，FPW）

$$FPW = 文本中出现的最常用词条数/文本总词条数 \qquad (2.1)$$

由于文本中不可避免地会用到常用词汇，因此根据数据集中词条出现频率，定义人们日常生活中经常使用的词条集合，通过考察这些常用词条在文本中的比例，判断文本是否能够方便被用户理解。

（2）非标记文本比例（Fraction of No-mark Text，FNT）

$$FNT = 正文词条数/总文本词条数 \qquad (2.2)$$

由于在 Web 文本中，非标记文本是对用户真正有用的信息，这部分信息的比例影响到用户理解网页的程度。公式(2.2)中总文本词条数包括正文文本和各种标记文本以及网页中的各种脚本。

（3）锚文本数量（Amount of Anchor Text，AAT）

$$AAT = 锚文本个数 \qquad (2.3)$$

网页中通常含有锚文本，可以作为所在页面内容的评估。一般来说，页面中的链接都会和页面本身的内容有一定的关系。例如，网页 A 中含有锚文本"Computer"，则认为 A 是关于"Computer"的描述。同时，锚文本也是目标页面内容的精确描述，若该锚文本链接指向网页 B，那么就可以认为网页 B 也是关于"Computer"的内容。如果用户不满足于网页 A 的内容，那么可以通过链接到 B 得到更详细的信息。

所谓表述性（Presentation），是指文本中的词条是否正确，句子和段落是否连贯通顺。可信文本一般表述性较好，而不可信文本的表述性较差。因此，为考察文本的表述性，可以考察以下四种文本信任属性。

（1）标题词条数量（Amount of Words in Title，AWT）

$$AWT = 标题中包含的词条数量 \qquad (2.4)$$

标题是文本内容的体现，许多分类技术对标题给予特别的考虑。通过研究大量的网页文本发现，文本标题在 7 至 20 个词条以内。长度超过 23 个词条时，标题通常不利于用户理解。

（2）词条平均长度（Average Length of Words，ALW）

$$ALW = 文本总字母数/文本中总词条数 \qquad (2.5)$$

根据文献的统计规律，文本词条的平均长度在 3 至 7 之间，该属性超过 8 的文本含有较多合成词，不利于理解，影响了文本的表述性。

(3) 连贯性(The Consistency of Words，CW)

文本连贯性是指句子部分与部分之间的连续性。连贯性是其信任性的重要标志，一直是内容信任领域研究的一个热门问题。理论上，可以通过分析文本的语法，最后观察其内容的语义正确性来判断，但是这种自然语言处理方法所消耗的时间和空间代价较大。因此，可以采用文本局部词条来判断整篇文本的连贯性。具体来说，定义 n 个连续出现的词条为一个词条组，其连贯性计算如下：

$$P(W_{i+1}, \cdots, W_{i+n}) = 词条组在文本中出现的频率/文本共划分出的词条组数 \tag{2.6}$$

如果数据集中的某篇文本可划分为 K 个词条组，则这篇文本含有 $K+n-1$ 个词条，通过计算 K 个词条组的几何平均作为该文本的 CW 值，即

$$CW = \sqrt[K]{\prod_{i=0}^{K-1} P(W_{i+1}, \cdots, W_{i+n})} \tag{2.7}$$

该统计方法是基于词条组之间相互独立的假设，但是这种假设在实际中是难以满足的。例如，当 $N=3$ 时，第一个词条组(含有文本中第一、二、三个词条)，第二个词条组(含第二、三、四个词条)，第三个词条组(含第三、四、五个词条)，都覆盖了第三个词条。因此，需要提出一种改进的方法，通过计算词条组出现的条件概率，提高计算精度。

定义 $P(W_n \mid W_{i+1}, \cdots, W_{i+n-1}) = P(W_{i+1}, \cdots, W_{i+n}) / P(W_{i+1}, \cdots, W_{i+n-1})$，则

$$CondCW = \sqrt[K]{\prod_{i=0}^{K-1} P(W_n \mid W_{i+1}, \cdots, W_{i+n-1})} \tag{2.8}$$

与之类似，由于实际中 P 值很小，为避免 K 个 P 值相乘后下溢，利用上述公式的 log 值衡量文本的连贯性，定义如下：

$$CondCW = -\frac{1}{K} \sum_{i=0}^{K-1} \log P(W_n \mid W_{i+1}, \cdots, W_{i+n-1}) \tag{2.9}$$

显然，P 值越大，网页文本连贯性越高，$CondCW$ 值越小。

(4) 压缩率(Compression Ratio，CR)

通过观察大量的数据集发现，有些文本的大段内容是重复的，这部分内容是由文本创建者从其他文本拷贝来的。对于这种有冗余的文本，可以采用压缩率

来衡量其冗余度。

对于存在冗余的网页,通常的做法是观测每一个词条在文本中的分布情况,或者使用 Shingling-Based 技术。但是,这些做法只适用中等数据集的情况,如数据集达到几千个时,时间和空间耗费巨大。因此,使用 GZIP 算法将文本压缩,并用 CR 值衡量网页冗余度,具体如下:

$$CR = 原文本大小/压缩后文本大小 \qquad (2.10)$$

压缩率描述文件压缩后的效果,CR 越大,压缩后的文本越小,原文本的冗余度就越大,所含信息量就越小。

综上,可以用以上 7 个文本信任属性构成文本信任特征向量:

$$TA(D) = [AWT, ALW, FPW, FNT, AAT, CR, CondCW] \qquad (2.11)$$

下文将利用向量空间模型 VSM 对文本信任特征向量进行分类,并计算信息文本的可信度。

2.2　基于向量空间模型的文本可信性分类

2.2.1　向量空间模型

向量空间模型是自然语言理解中用来表示文本的常用模型之一,由 Salton 等人在 20 世纪 60 年代末提出,并在著名的 SMART(System for the Manipulation and Retrieval of Text)系统中得到了成功应用。向量空间模型是文本分类中应用最广泛的一种文本表示模型,它的相关技术,如特征项选择,在文本分类、信息检索等领域都取得了较好的效果。

在文本分类中,由于自然语言文本很难被设计的分类算法直接处理,所以首先需要对文本进行某种预处理,变成分类器能够识别的形式。假设一个文档的 n 个特征项的值分别为 w_1,w_2,$\cdots$,w_i,$\cdots$,w_n,由于它们来自同一待研究的文档,所以应将它们视为一个整体来考虑,让这些特征项构成一个特征向量 d 来表示原研究对象。此时,对文档的研究就化为了对它的特征向量的研究。在向量空间模型中,将每个文本看作是 n 维空间中的一个向量,此时一个文本 d 由一个带权重的特征向量来表示,即

$$d = [w_1, w_2, \cdots, w_i, \cdots, w_n], 1 \leqslant i \leqslant n \qquad (2.12)$$

其中，w_i 为第 i 个特征项的权重，n 为特征向量的维数。目前广泛采用的权重计算公式是 TF-IDF（Term Frequency, Inverse Document Frequency）公式。$tf(t, d)$ 表示特征项 t 在文档 d 中出现的频率，特征项 t 出现的频率越高，则权重就越大。$idf(t)$ 表示特征项 t 出现至少一次的文档频率，含有 t 的文档数目越多，则 t 就越普通，所分配的权重就越小。

TF-IDF 一般按如下公式计算权重：

$$w_i(t, d) = \frac{tf(t, d) \times \log(N/n + 0.01)}{\sqrt{\sum_{t \in d}(tf(t, d) \times \log(N/n + 0.01))^2}} \tag{2.13}$$

其中，$w_i(t, d)$ 为文档 d 中第 i 个特征项 t 的权重，N 表示文档集中的文档数目，n 为文档训练集中出现 t 的文档数。分母为归一化因子，它是为了抑制文本由于不同长度所造成的负面影响，对权重所做的规范化处理。

当文本由向量空间模型表示后，两个文本间的相关程度就可以通过向量之间的某种距离来衡量，一般采用向量之间的内积或夹角余弦来表示文本间的相似度。

内积计算公式如下：

$$Sim(d_1, d_2) = \sum_{i=1}^{n} w_i(t, d_1) \times w_i(t, d_2) \tag{2.14}$$

夹角余弦计算公式如下：

$$Sim(d_1, d_2) = \text{con}\,\theta = \frac{\sum_{i=1}^{n} w_i(t, d_1) \times w_i(t, d_2)}{\sqrt{\sum_{i=1}^{n}(w_i(t, d_1))^2 \times \sum_{i=1}^{n}(w_i(t, d_2))^2}} \tag{2.15}$$

向量空间模型将文档表示成为向量形式，将对文档的内容处理简化成了对向量空间中的向量进行计算，有效地解决了文本数据在分类中的处理问题，从而大大提高了文本在计算机中的处理速度（图 2.1）。同时，它使得模式识别和其他领域的计算方法能够在自然语言文本处理中得到运用，得以实现文本的可操作性和可计算性。但是，该模型并没有考虑特征项在文本

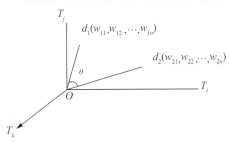

图 2.1　向量空间模型

中的先后次序,并且它里面的元素是互异的,从而无法体现出文本的结构特征。

2.2.2　文本可信性分类过程

图 2.2 阐述了进行可信文本分类的过程,整个过程可以分为四部分。

(1) 收集网页。

(2) 对网页进行人工标注,分为可信任类和不可信任类。

(3) 训练。在训练模块中,首先将训练文本集向量化,得到信任特征的集合,并计算信任特征的权值,信任特征向量生成器得到每个类别的中心向量。

(4) 测试。在测试模块中,首先将待分类文本用信任特征向量表示,再经过分类器分类,得到所属的类别。

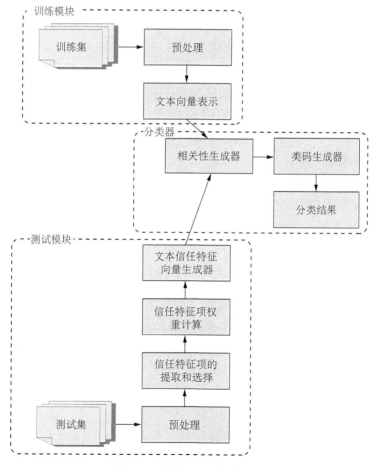

图 2.2　可信文本分类流程图

常规的文本自动分类方法将词条作为文本的特征向量,无法体现影响文本可信性的因素。与传统方法不同的是,可以利用影响可信性的各种文本特征,构建文本信任特征向量,以此实现信任分类。一般的分类采用 TF-IDF 方法,这种方法的依据是词条的出现频率,而对于以上抽取的 7 个特征项,无法根据词频来计算。因此,可以采用计算信任特征项的具体值来构建文本信任特征向量,各个特征项的权值计算方法可参见 2.1 节。

每一类的信任特征向量表示完成后,即完成了向量空间模型建立。待分类文档用同样的方法得到其特征向量,文本转化为向量形式之后便可以进行分类。实现可信文本分类的过程具体描述如下。

[训练阶段]

(1) 通过对内容信任的研究,不妨将文本分为可信类和不可信类,定义类别集合 $C = \{C_1, C_2\}$。

(2) 经过人工标记和预处理后的训练网页文本集为 $U = \{U_1, U_2, \cdots, U_n\}$。

(3) 计算训练文本集的信任特征向量 $V = \{T_{aut}, T_{alw}, T_{fpw}, T_{fnt}, T_{aat}, T_{cr}, T_{cw}\}$,各个特征项的含义和取值如上一节所述。

(4) 确定每个类别的特征向量 $V(C_i)$,计算方法为该类别所有网页信任特征向量的算术平均值。

[分类阶段]

(1) 假设测试网页文本集合为 $D = (D_1, D_2, \cdots, D_n)$,对应每个待分类文本 D_k,计算其信任特征向量 $V(D_k)$ 与每个类特征向量 $V(C_i)$ 的相似度 $Sim(D_k, C_i)$,计算公式为

$$Sim(D_k, C_i) = \frac{V(D_k)V(C_i)}{\|V(D_k)\|\|V(C_i)\|} \tag{2.16}$$

(2) 选取相似度最大的一个类别,即 $\arg\max_{C_i}\{Sim(D_k, C_i)\}$,作为 D_k 的类别。

2.3 基于文本信任属性的文本可信度计算

在文本分类的训练阶段,可以得到关于文本可信任类和不可信任类的特征向量值。

可信任类：$V(C_1) = (4, 4.17, 0.32, 0.55, 58, 4.89, 2.35)$；

不可信任类：$V(C_2) = (11, 8, 0.45, 0.28, 58, 1.02, 5.78)$。

　　在计算文本可信度时，用待测文本的特征向量与可信任类的特征向量的相似度，作为信息文本的可信度，算法伪代码如下：

算法 2.1：基于文本信任属性的文本可信度算法

输入：一个网页 web，网页中的文本内容 txt 及其标题 title，最常用词条集 com_words；

输出：文本的可信度 D_T；

Txt_Trust_Classify_By_Text_Property（ *web*, *txt*, *title*, *com_words* ）

01　W_{web} is a set of words of a web page: $W_{web} \leftarrow \{w_{web1}, w_{web2}, \dots, w_{webn}\}$;

02　W_{tx} is a set of words of a text: $com\_words \leftarrow \{w_{tx1}, w_{tx2}, \dots, w_{txm}\}$;

03　W_{ti} is a set of words of a title: $W_{ti} \leftarrow \{w_{ti1}, w_{ti2}, \dots, w_{tik}\}$;

04　compute eigenvector V（ $AWT, ALW, FPW, FNT, AAT, CR, CondCW$ ）of the text:

05　$AWT \leftarrow W_{ti}$;

06　$ALW \leftarrow$ number_of_characters$(web)/|W_{web}|$;

07　$N_{com\_w} \leftarrow$ number_of_common_words(com_words, W_{tx});

08　$FPW \leftarrow N_{com\_w}/|W_{tx}|$;

09　$FNT \leftarrow |W_{tx}|/|W_{web}|$;

10　$AAT \leftarrow$ amount_of_anchor_text(web);

11　$txtcomp \leftarrow$ GZIP(txt);

12　$CR \leftarrow$ size(txt)/size$(txtcomp)$;

13　$\{g_1, g_2, \dots, g_L\} \leftarrow$ divide$(text)$; //$g_i = \{w_{i+1}, w_{i+2}, \dots, w_{i+n}\}$

14　$P(W_{i+1}, \dots, W_{i+n}) \leftarrow$ frequency_of_group$(g_i)/L$;

15　$P(W_n|W_{i+1} \dots, W_{i+n-1}) \leftarrow P(W_{i+1}, \dots, W_{i+n})/P(W_{i+1}, \dots, W_{i+n-1})$;

16　$CondCW = -\frac{1}{K}\sum_{i=0}^{K-1} log\, P(W_n|W_{i+1}, \dots, W_{i+n-1})$;

17　$DT \leftarrow$ VSM（ $V, V(C1)$ ）;

18　return DT;

　　第 5～16 行计算文本的特征向量：第 6 行计算词条平均长度，是网页总的字符数与总的词数的比；第 7～8 行，统计文本中的常用词条数并计算常用词条比例；第 11～12 行，用 GZIP 压缩算法压缩原文本，并计算压缩前后文本大小之比，作为文本的压缩率；第 13～16 行计算文本的连贯性，其中第 13 行将文本分成 L 组，每组含有 n 个连续出现的词。第 17 行利用 VSM 模型计算文本的可信度。

2.4　文本信任的人机交互标注

　　计算文本的可信度时,只是借助信任特征项、信任事实等,有时不够准确,未必能够真实体现文本的可信度,因为信任事实没有涉及文本中一些潜在的、上下文关联的语义。在对事物思考和判断时,人类拥有高超的智慧和较强的分析能力,因此有必要利用人类的智慧和判断能力对文本可信度进行人工标注。

　　可以设计开发一个文本可信度评估网站,如图 2.3 所示。当人们阅读网页文本之后,提示读者根据内容的真实性、逻辑性、合理性、自然性以及内容表述中明显存在错误的次数等方面,对文本进行可信度评估打分,打分数据保存到服务器的评价数据库中。当文献内容可信度评估一段时间之后,统计同一个文献的评估情况,由此得到该文献可信度的人工标注。假设一个文献共有 q 条人工标注的可信度评估打分记录,评估值依次为 $\theta_1, \theta_2, \cdots, \theta_q, \theta_i \in [0, 1]$, $i=1, 2, \cdots, q$,则该文献的人工标注可信度 P 为

$$P = \frac{\sum_{i=1}^{q} \theta_i}{q} \tag{2.17}$$

图 2.3　文献可信度评估的人工标注系统

2.5　本章小节

本章阐述了文本信任属性的 7 维特征向量值,包括标题词条数量、词条平均长度、文本中常用词条数量、非标记文本数量、锚文本数量、文本的连贯性和压缩率等。利用向量空间模型对信息文本进行可信性分类,分类过程由四部分组成:①搜集网页;②对网页进行标注,分为可信类和不可信类;③训练得到可信类和不可信类的中心向量值;④将待分类文本用文本信任特征向量表示,根据其与两个中心向量值的距离判断其所属类别。最后提出了基于文本信任属性的信息文本可信度计算算法。

第 3 章
基于信任事实的文本内容
可信度评估方法

3.1 信任事实的产生式表示

现代汉语中,一般认为"句子由短语或词组构成,是具有特定句调、能表达一个相对完整意思的语言单位",也是表达一个相对完整信任语义的语言单位。句子根据功能或语气可分为陈述、疑问、祈使和感叹四大句类。其中,陈述句是陈述一个事实或者说话人的看法,是信息文本中最能体现文本信息内容的句类,也是信息文本中包含的最多的句类。在第 1 章中,以判断性陈述句为基础定义了信任事实,认为信任事实是指信息文本内容中对某事物的概念、属性、特征等做不同程度地判断性(肯定或否定)描述的陈述句。为了对信任事实进行深入研究,有必要先给出如下定义。

定义 3.1 判断谓词:指和判断词"是"相似,具有判断含义的动词。通过搜索统计,在中文信息文本中,常用的判断谓词(Predictability Word)的集合 $SPW=\{$是,系,为,非,称为,称作,作为,被称为,被称作,被认为,被当作,$\cdots\}$。

定义 3.2 程度副词:表示信任事实的断言强度的副词。通过搜索统计,在中文信息文档中,常用的程度副词(Degree Word)的集合 $SDW=\{$一定,肯定,或许,可能,$\cdots\}$。

形式地,假设 $\sum$ 是中文词语的集合,$SPU_N=\{$ ',、','，','：','；','。','!','?','……'$\}$是汉语中常用标点符号的一个子集。假设 s 表示一个句子(Sentence),d 表示一个判断陈述句(Judging Declarative Sentence),f 表示一个信任事实(Trust Fact),那么

条件 3.1　句子：如果 s 满足以下条件，则称 s 形式上是一个句子：

(1) $s=(w_1, w_2, \cdots, w_n)$，其中，$w_i \in \sum \cup SPU_N$，$i=1, 2, \cdots, n$；

(2) $w_1 \in \sum \wedge w_n \in SPU_N$。

条件 3.2　判断陈述句：如果 d 满足以下条件，则称 d 形式上是一个判断陈述句：

(1) d 是 s；

(2) $\exists i(i=1, 2, \cdots, n-1)$，$w_i \in \sum SPW$；

(3) $w_n = "。"$。

条件 3.3　信任事实：如果 f 满足以下条件，则称 f 形式上是一个信任事实：

(1) f 是 d；

(2) 若 $w_i \in SDW$，或者 $SDW = \varphi \wedge w_i \in SPW$，$1 \leqslant i \leqslant n$，$w_i$ 是一个基本名词短语。

信任事实的定义在本书第 1 章中已经初步给出，在形式上具有和判断陈述句同样的句型。通过大量的观察和研究发现，以判断陈述句为基础的信任事实句型中，包括判断对象、程度副词、判断谓词和判断内容四部分。目前，暂不把量词作为独立的一部分进行研究。参照基本名词短语的 BNF 范式形式，信任事实句型可形式化表示如下：

(1) 信任事实 → 判断对象＋程度副词*＋［不］＋ 判断谓词 ＋ 判断内容；

(2) 判断对象 → 名词短语｜名词短语 ＋ 连接符 ＋ 名词短语；

(3) 程度副词 → 一定｜肯定｜或许｜可能；

(4) 判断谓词 → 是｜系｜为｜非｜称为｜称作｜作为｜被称为｜被称作｜被认为｜被当作；

(5) 判断内容 → 名词短语｜名词短语 ＋ 连接符 ＋ 名词短语｜名词短语 ＋ 名词补足语；

(6) 连接符 →、｜和｜跟｜并｜与；

(7) 名词短语 → 名词｜限定性定语 ＋ 名词｜限定性定语 ＋ 名词短语；

(8) 限定性定语 → 形容词短语｜动词｜副词 ＋ 动词｜名词｜名词 ＋ 的｜数词 ＋ 量词；

(9) 形容词短语 → 形容词 ＋ 形容词短语｜形容词 ＋ 的 ＋ 形容词短语｜副词 ＋ 形容词 ＋ 形容词短语｜副词 ＋ 形容词 ＋ 的 ＋ 形容词短语；

（10）形容词短语 →形容词|形容词 ＋"的"| 副词 ＋ 形容词 | 副词 ＋ 形容词 ＋"的"；

（11）名词补足语 → 之一 | 的一部分 | 的（数词 ＋ 量词）。

其中，"＊"表示可出现 0 次至多次；"［ ］"表示可出现 0 次或 1 次；"|"表示"或"的关系。

如上所述，信任事实包括四个部分。为了便于计算机对信任事实进行处理，本节统一以四元组的形式表示和存储信任事实：

$$f = (TO, TM, TD, TC) \tag{3.1}$$

TO：事实变量，是信任事实所评判或描述的对象（判断对象）。

TM：事实强度词，是信任事实中对判断谓词做不同程度强调的副词。事实强度词出现在判断谓词之前，也可以没有（用 $NULL$ 表示）。TM 的强度级别（Rank）分为完全断定级（RC）、一般断定级（RD）和部分断定级（RP），即 Rank ＝｛RC（一定、肯定），RD（$NULL$），RP（或许、可能）｝，括号中为相应强度级别的副词表现形式。

TD：判断谓词及其否定形式（不＋判断谓词），是信任事实中事实对象与事实描述之间的连接词。

TC：事实描述，是信任事实对事实对象的具体描述（判断内容），一般紧跟判断谓词出现。

示例 3.1："中国是亚洲国家"。可表示成（中国，$NULL$，是，亚洲国家）。

示例 3.2："《十面埋伏》可能是张艺谋导演的"。可表示成（《十面埋伏》，可能，是，张艺谋导演）。

示例 3.3："甲鱼不被称为鱼的一种"。可表示成（甲鱼，$NULL$，不被称为，鱼的一种）。

3.2 基于有限自动机的信任事实提取过程

3.2.1 有限自动机

自动机是一种理想化的"机器"，它是抽象分析问题的理论工具，用来表达某种不需要人力干涉的机械性演算过程。根据不同的构成和功能，自动机分为以下四种类型：有限自动机（Finite Automata，FA）、下推自动机（Push Down

Automata，PDA)、线性带限自动机(Linear Bounded Automata，LBA)和图灵机(Turing Machine，TM)。其中有限自动机分为确定性有限自动机(Definite Finite Automata，DFA)和不确定性有限自动机(Non-definite Finite Automata，NFA)两种。下面主要利用确定有限自动机进行判断陈述语句的识别和提取。

定义 3.3　确定性有限自动机 DFA：是一个五元组，记为

$$M = (\sum, Q, \delta, q_0, F) \tag{3.2}$$

其中，$\sum$ 是输入符号的有穷集合；Q 是状态的有限集合；δ 是 Q 与 $\sum$ 的直积 $Q \times \sum$，即 Q 到下一个状态的映射，它支配着有限状态控制的行为，有时也称为状态转移函数；$q_0 \in Q$ 是初始状态；F 是终止状态集合。

定义 3.4　DFA 接受的语言：如果一个句子 x 对于有限自动机 M 有 $\delta(q_0, x) = p$，$p \in F$，那么，称句子 x 被 M 接受。被 M 接受的句子的全集称为由 M 定义的语言，或称 M 所接受的语言，记作 $T(M)$。

本章根据信任事实句型构造提取信任事实的有限自动机，自动机接受的语言即是所要提取的信任事实。

3.2.2　信任事实的提取过程

信息文本 T 是句子 s_i 的集合，即 $T = \{s_1, s_2, \cdots, s_n\}$。首先，提取 T 中所有的陈述句，构造信息文本 T 的陈述句的集合 T_r，$T_r = \{s \mid s = d \wedge s \in T\}$。然后，以 T_r 作为输入集，提取其中的信任事实。

提取信任事实的过程就是判断其中的陈述句是否是一个信任事实的过程。对于任意的 $s \in T$，首先对 s 进行分词处理。中国科学院计算技术研究所研制的基于多层隐马模型的汉语词法分析系统 ICTCLAS(Institute of Computing Technology，Chinese Lexical Analysis System)具有强大的功能，包括中文分词、词性标注、未登录词识别等，分词正确率高达 97.58%(973 专家组评测结果)。

利用该系统对 s 进行分词和词性标注。经过分词和标注处理之后的 s 成为一个词串(包括标点)的形式：$s = (w_1, w_2, \cdots, w_n)$，$w_i \in \sum \bigcup P$，$w_1 \in \sum$，$w_n =$ "。"。此时，判断词串 s 是否是一个信任事实的过程，可以用图 3.1 所示的状态机表示。

在图 3.1 中，圆圈表示状态，有向弧表示状态的转移，弧上的标注表示转移

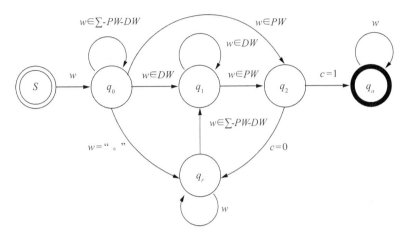

图 3.1　信任事实提取过程中的状态转移

条件,"()"表示状态转移之前完成的存储操作。S 为初始状态;q_0 状态在向 q_1 或 q_2 状态转移之前保存事实变量,如果是转向 q_2 状态还要保存程度副词为 $NULL$;q_1 状态在向 q_2 状态转移之前保存程度副词,如果没有程度副词则记为 $NULL$。q_2 状态判断"判断谓词"之前的子串是否为一个表示明确的概念、特征或性质的名词性结构,如果是则保存判断谓词,并转向接受状态 q_a(Accept),并在 q_a 状态保存事实描述,最终完成一个信任事实的提取工作。否则,转向拒绝状态 q_r。

　　PW 是判断谓词集合,DW 是程度副词集合,经过大量的统计搜集工作,将会逐步完善这两个集合。判断某名词性短语是否为一个明确的概念、特征、性质是相当困难的,可以采取另外一种方式,通过搜集大量不能表示概念、特征或性质的词的集合 N_a,例如时间名词、指示代词等,若子串属于 N_a,则 $c=0$;否则 $c=1$。

　　下面以"中国是亚洲国家"为例演示信任事实的提取过程。经过分词处理,"中国是亚洲国家。"转换为五个词语(包括标点)组成的词串形式(中国是亚洲国家 。)。状态机在初始状态 S,首先读取"中国",进入 q_0 状态,保存"中国",由于接着读取的是判断谓词"是",所以记程度副词为 $NULL$,然后转向 q_2 状态。q_2 状态判断"中国"为表示一个明确的概念,故将判断谓词"是"保存,并转移到接受状态 q_a。在 q_a 状态接着读取"亚洲""国家"两个词语,最终遇到标点符号"。",读取过程结束,保存事实描述,完成信任事实(中国,$NULL$,是,亚洲国家)的提取工作。

3.2.3　信任事实的提取算法

根据 3.2.2 节中描述的陈述语句的提取方法,可以设计信任事实的具体提取算法,算法伪代码如下:

算法 3.1: 信任事实提取算法

输入: T；中文信息文本;

输出: FS_T；信任事实的集合;

步骤1: 对信息文本进行预处理,提取其中的陈述句,形成陈述句的集合$T_r = \{s|s$是陈述句$\}$, $FS_T = \{\}$;

步骤2: 若T_r非空,取其中一个陈述句s,则$T_r = T_r - \{s\}$;否则,转向步骤8,过程结束;

步骤3: 对陈述句s进行分词处理;使得s成为一个字符串的形式$(w_1, w_2, ..., w_n)$;

步骤4: 如果s中存在字符串w_i是判断谓词,则转当步骤5;否则,弃当前s转步骤2;

步骤5: 如果$(w_1, w_2, ..., w_{i-1})$是一个名词短语,则转步骤7;否则,弃当前s转步骤6;

步骤6: 如果$(w_1, ..., w_{i-2})$是一个名词短语,并且w_{i-1}是一个程度副词,则转步骤7;否则,弃当前s转步骤2;

步骤7: $FS_T = FS_T \cup \{s\}$,转步骤2;

步骤8: 结束;

3.3　基于 Web 智能的信任事实可信性度量方法

3.3.1　计算信任事实可信度的启发式规则

包含在信息文本中的信任事实并不总是完全可信的,它们具有一个可度量的信任程度值。为了描述方便,首先给出如下的度量指标。

定义 3.5　信任事实的可信度:一个信任事实 f 的可信度是指这个事实是一个正确的、可信的事实的概率,用 $C(f)$ 表示。它从概率上反映了一个事实描述或断言为真的程度。

事实可信度的计算是一个非常困难的工作,精确地判断一个信任事实是否可信,不但需要自然语言理解技术对信任事实的信任语义进行准确的理解,还需要完备的、可靠的信息知识库对信任事实的真实性进行鉴别。众所周知,自然语义理解技术虽然取得了很大的进步,但是距离精确理解自然语义的目标距离尚远。完备的可靠的信息知识库,在信息爆炸的今天,更是难以构造。目前并没有精确的信任事实可信度的计算方法。然而,正是因为信息爆炸的今天,更需要对可信信息进行判断。在自然语言理解技术不成熟和信息知识库不完备的情况下,研究一种信息准确性、可信性鉴别方法是很有意义和必要的。

放眼当今的互联网,它无疑是一个巨大的信息知识库,已经成为当今社会人们获取信息的重要来源,相应的搜索引擎也成了人们获取信息的重要工具。互联网不但能够提供大量的信息,而且根据互联网提供的大量信息,通过多源求证的方式,鉴别某一特定信息的真假、可信与否也成了人们鉴别是非的重要手段。

鉴于这一客观现象,通过大量的观察和研究发现,互联网上不同的信息源会提供了大量的关于某个对象的信任事实,并且具有不同可信度的信任事实,在互联网中得到的支持是不一样的。一般说来,正确的可信的信任事实总能够得到较多的支持,它们在不同的网页中重现,并且相似度极高。而错误的虚假的事实得到的支持相当小甚至没有,只有有限的几个网页提供它们的信息,并且信息各种各样,相似程度比较低。根据信任事实被重视的这些现象,可以总结以下两条启发式规则,作为计算信任事实可信度的依据。

规则 3.1:完全相同的字符序列具有相同的语义。

本规则说明,如果两个句子完全相同,则认为这两个句子具有相同的语义。诚然,两个不同结构或者形式的句子也可能具有相同的语义,完全相同的句子一般来说具有相同的语义。

精确匹配搜索是搜索引擎的搜索方式之一,它要求通过搜索,反馈列举出所有 Web 页面的地址,该页面中必须包含有与查询项完全相同的字符序列。当以某个信任事实作为查询项进行精确匹配搜索时,返回的所有包含查询项的搜索结果页面,都包含与搜索的信任事实完全一样的字符序列。也就是说,这些页面都认可该信任事实是正确的,可以认为所有的搜索结果页面是对所搜索的信任事实的一种"语义"层面上的支持。

规则 3.2:正确的真实的事实重现率高,错误的虚假的事实重现率低。

开放的互联网提供了海量的信息,近乎是一个"完备"的信息知识库,已经成为当今社会人们获取信息的重要来源。但是,互联网提供的知识却远不及人工构建的信息知识库可靠。所以,不能直接利用互联网中提供的信息作为判断事实可信性的依据。然而,通过大量的观察发现这样一种现象:不同的信息源提供了大量的关于某个对象的信任事实,并且具有不同可信度的信任事实,在互联网中得到的支持是不一样的。一般说来,正确的可信的信任事实得到较多的支持,而错误的虚假的事实得到的支持相当小甚至没有。如果一个信任事实在大量的网页中重现，则有理由认为，该信任事实得到广泛的认可，具有相当高的正确度。

　　例如，利用 Google 搜索引擎，对"中国是亚洲国家"和"中国不是亚洲国家"进行精确匹配搜索。正确的可信的信任事实"中国是亚洲国家"得到了 37 900 项支持，而错误的事实"中国不是亚洲国家"只有 10 项返回。因此，可以认为支持率高的信息是"可信"的知识。通过大量的试验，证实了这些结论不是一个偶然现象。

3.3.2　基于 Web 智能的信任事实可信度计算方法

　　根据信息事实可信度计算依据的规则 3.2，通过对具有不同判断程度的肯定或否定两种判断倾向的信任事实的比较，可以基本反映信任事实的可信度。同时，Google 作为一种强大的搜索工具，为判断事实的可信度提供了巨大的便利。下面介绍以 Google 搜索引擎为工具的信任事实的可信度度量方法。

　　给定一个信任事实 f，首先对该事实进行取反操作得到起反事实 $\bar{f}$，例如事实的强度词不包括"不"则其前面加"不"，否则将事实强度词中的"不"字去掉。然后，分别对信任事实 f 和反事实 $\bar{f}$ 在 Google 搜索引擎中以完全精确匹配的方式搜索。此时，搜索引擎将返回包含相应信任事实的所有网页（以 URL 标识）的集合 $TS = (R_1, R_2, \cdots, R_n)$，其中 $R_i = (T_i, Q_i)$，$i = 1, 2, \cdots, n$，表示第 i 个返回项，此处 T_i 是一个信息文本，Q_i 是信息文本 T_i 的质量。网页质量不同于信息文本的信任度，计算时可以简单地利用 Google 搜索引擎为每个网页赋予的 $PageRank$ 值。

　　根据规则 3.2，可以利用事实与其反事实的比例关系确定信任事实的可信度，如公式（3.3）所示：

$$C(f) = \frac{|TS_f|}{|TS_f| + |TS_{\bar{f}}|} \tag{3.3}$$

其中，TS_f 和 $TS_{\bar{f}}$ 分别表示包含信任事实 f 的信息文本的集合和包含其反事实 $\bar{f}$ 的信息文本的集合。相应地，$|TS_f|$ 和 $|TS_{\bar{f}}|$ 分别表示包含信任事实 f 和其反事实 $\bar{f}$ 的信息文本的数量。

　　根据公式（3.3），"中国是亚洲国家"这一事实的可信度达到 0.9997。可见，这是完全符合常识的。然而，根据公式（3.3）简单地计算包含某事实及其反事实的信息文本的数量，掩盖了提供该信任事实的不同信息文本的重要程度，这是有悖于常识的。不同的信息源或者说不同的信息文本具有的重要程度是不一样的。对信息文本(网页)进行正确的、科学的排序是高质量搜索引擎的核心任务。PageRank 算法和 HITS 算法是目前比较流行的网页质量排序算法。Google 搜索引擎赋予每个网页的 *PageRank* 值在一定程度上反映了网页的质量。

根据规则 3.2,在公式(3.3)中加入网页的 *PageRank* 值,形成公式(3.4):

$$C(f) = \frac{\sum_{(T_i, Q_i) \in TS_f} Q_i}{\sum_{(T_i, Q_i) \in TS_f} Q_i + \sum_{(T_j, Q_j) \in TS_{\bar{f}}} Q_j} \tag{3.4}$$

其中,Q_i 表示相应的信息文本的质量。

经过改进,公式(3.4)不仅反映了提供信任事实的信息源的数量,而且考虑了信息源的一定程度的质量对信任事实可信度的影响,能够更准确地反映一个事实的可信度。

这种基于搜索反馈数据的信任度计算方法,是以同一信任事实的不同和多种表达形式作为搜索要求来开展的,该方法包括信任事实的预处理和信任事实的可信度计算两个阶段。

(1) 信任事实的预处理

已知信任事实 $f = (TO, TM, TD, TC)$,根据判断谓词 TD 的不同,描述同一个对象的信任事实可以分为肯定 (f^P) 和否定 (f^N) 两种形式。根据事实强度词 TM 的不同,描述同一个对象的信任事实可以分为三种不同的断定强度。定义函数 $G(f)$ 表示信任事实 f 的断定强度:

$$G(f) = \begin{cases} q_{RC}, & TM = \text{"一定"、"肯定"} \\ q_{RD}, & TM = NULL \\ q_{RP}, & TM = \text{"可能"、"或许"} \end{cases} \tag{3.5}$$

其中,q_{RC},q_{RD},$q_{RP} \in R$,并且 $q_{RC} > q_{RD} = 1 > q_{RP}$。通过大量的实验确定 q_{RC},q_{RD},q_{RP} 的值,以便提高评估的有效性是本方法的一个重点。

根据判断谓词和事实强度词的不同,描述同一个对象的信任事实共可分为两组共六种形式:肯定事实向量组 $f^{PG} = (f_{RCP}, f_{RDP}, f_{RPP})$,依次是完全肯定式、一般肯定式、部分肯定式;否定事实向量组 $f^{NG} = (f_{RCN}, f_{RDN}, f_{RPN})$,依次是完全否定式、一般否定式和部分否定式。

信任事实的预处理就是分别求出信任事实的另外五种形式,并且 $f \in f^{PG} = (f_{RCP}, f_{RDP}, f_{RPP})$ 或 $f \in f^{NG} = (f_{RCN}, f_{RDN}, f_{RPN})$。

（2）信任事实的可信度计算

已知 $f = (TO, TM, TD, TC)$，$f^{PG} = (f_{RCP}, f_{RDP}, f_{RPP})$，$f^{NG} = (f_{RCN}, f_{RDN}, f_{RPN})$。以 f^{PG} 和 f^{NG} 中的信任事实为查询项进行精确匹配搜索，得到包含相应信任事实的网页的数量。定义函数 $N(f)$ 表示以信任事实 f 为查询项得到的反馈结果数目。

当 $f \in f^{PG}$ 时，信任事实 f 的可信度 $P_F(f)$ 由公式（3.6）计算：

$$P_F(f) = \frac{\sum_{x \in f^{PG}} N(x) \times G(x)/G(f)}{\sum_{x \in f^{PG}} N(x) \times G(x)/G(f) + \sum_{x \in f^{NG}} N(x) \times G(x)/G(f)}$$
$$(3.6)$$

其中，x 表示任意的信任事实；$G(x)/G(f)$ 则表示信任事实 x 对信任事实 f 的肯定（$x \in f^{PG}$）或否定支持度（$x \in f^{NG}$）。

计算期间，可以将公式中分子和分母同时乘以 $G(f)$，进行约简。当 $f \in f^{NG}$ 时，只需将公式（3.6）中的 f^{PG} 和 f^{NG} 互换即可。

3.3.3　基于正反相对比例的改进信任事实可信度计算方法

上一节给出了基于 Web 智能的信任事实可信度计算公式，但是该公式的基础是公式（3.3），而公式（3.3）反映的是正反事实的相对比例关系，却不能反映正反事实的绝对数量对事实可信度的影响。例如，与信任事实 A 相关的正事实有 3 个，反事实 1 个，其可信度是 0.75；与信任事实 B 相关的正事实有 30 个，反事实 10 个，其可信度也是 0.75。显然，简单地给信任事实 A 和 B 赋予相同的可信度是轻率的。因此，对公式（3.3）进行改进，使其能够反映正反事实的绝对数量对事实可信度的影响，提出如下基于信任事实的 Credibility 和 Confidence 的计算公式。

信任事实的 Credibility 反映的是正反事实的相对比例关系，其计算方式如下：

$$Cre(f) = \frac{|TS_f|}{|TS_f| + |TS_{\bar{f}}|}$$
$$(3.7)$$

显然，$Cre(f) \in [0, 1]$。当 $Cref(f)$ 等于 1 时，信任事实是绝对正确的；当 $Cref(f)$ 等于 0 时，信任事实是绝对错误的。

信任事实的 Confidence 是与它的 Credibility 相关的，反映的是正反事实的绝对数量关系，表明对公示（3.7）的认可程度，其计算公式如下：

$$Con(f) = 1 - \sqrt{\frac{12 \times |TS_f| \times |TS_{\bar{f}}|}{(|TS_f| + |TS_{\bar{f}}|)^2 (|TS_f| + |TS_{\bar{f}}| + 1)}} \tag{3.8}$$

显然，$Con(f) \in [0, 1]$。当 $Con(f)$ 等于 1 时，说明绝对认可公式(3.7)的关于信任事实的可信度的结果；当 $Con(f)$ 等于 0 时，说明完全不认可公式(3.7)的计算结果。

结合公式(3.7)和公式(3.8)，可以得出事实可信度的基本公式 $C_A(f)$，如下：

$$C_A(f) = h(Cre(f), Con(f)) = 1 - \frac{\sqrt{\frac{(Cre(f)-1)^2}{\alpha^2} + \frac{(Con(f)-1)^2}{\beta^2}}}{\sqrt{\frac{1}{\alpha^2} + \frac{1}{\beta^2}}}$$

$$\tag{3.9}$$

其中，α、β 两个参数分别反映 $Cre(f)$ 和 $Con(f)$ 的相对重要程度。

基于基本公式(3.9)，可以再引入几个中间变量 $A(f)$ 和 $B(f)$，最后给出最终的信任的可信度计算公式(3.10)—公式(3.14)，如下：

$$A(f) = \sum_{x \in f^{PG}} N(x) \times G(x)/G(f) \tag{3.10}$$

$$B(f) = \sum_{x \in f^{NG}} N(x) \times G(x)/G(f) \tag{3.11}$$

$$Cre(f) = \frac{A(f)}{A(f) + B(f)} \tag{3.12}$$

$$Con(f) = 1 - \sqrt{\frac{12 \times A(f) \times B(f)}{(A(f) + B(f))^2 (A(f) + B(f) + 1)}} \tag{3.13}$$

$$P_F\_Final(f) = 1 - \frac{\sqrt{\frac{(Cre(f)-1)^2}{\alpha^2} + \frac{(Con(f)-1)^2}{\beta^2}}}{\sqrt{\frac{1}{\alpha^2} + \frac{1}{\beta^2}}} \tag{3.14}$$

3.4 基于信任事实的文本可信度计算方法

对于一篇包含多个信任事实的信息文本来说，其中信任事实的可信度在某种程度上反映了整个文本信任度,这就启示可以通过对信息文本中包含的信任事实的可信度的评估,对信息文本的信任度进行量化。根据前面叙述,一个文本 T 的信任度是指该文本所包含的信任事实的可信度的期望值,用 $P_T(T)$ 表示。

3.4.1　以事实可信度的简单平均值作为文本信任度

根据前文阐述的信任事实提取规则,一个信息文本 T 可以转换为一个信任事实的集合。用 FS_T 表示信息文本中信任事实的集合,而用 $|FS_T|$ 表示集合 FS_T 中包含的元素个数。根据定义,一个信息文本 T 的信任度 $P_T(T)$ 可以表示为如下计算公式:

$$P_T(T) = \frac{\sum_{f \in FST} P_F(f)}{|FS_T|} \tag{3.15}$$

(1)当 $|FS_T| = 0$ 时

信息文本 T 中不包含任何信任事实,即 $FS_T = \varnothing$,$|FS_T| = 0$。 此时,公式(3.15)没有意义,方法不适用于不包含信任事实的信息文本。

(2) 当 $|FS_T| = 1$ 时

信息文本 T 中仅包含一个信任事实 f。 信息文本的信任度就是该信任事实的可信度,即 $P_T(T) = P_F(f)$。 实验证明,对于只包含少量信任事实的信息文本,方法并不是很有效。

(3) 当 $|FS_T| = n$ 时

信息文本 T 中包含一定数量 n 的信任事实 f,形成信任的集合 FS_T。 集合 FS_T 中所有信任事实的可信度,可以在某种程度上反映信息文本 T 的信任度。大量的实验结果表明,此时该方法的有效性很高。

该方法之所以称为简单的文本信任度计算方法,是因为存在以下不足:

(1) 该方法只是将信息文本中包含的信任事实进行简单算术平均运算,没有考虑各个信任事实具有的不同特征。这些特征包括信任事实在文本中的位置信息以及信任事实与文章主题的相关信息等。显然,不同的信任事实对信息文本的影响是不一样的。

(2) 该方法计算过程中利用的是信任事实通过搜索计算出的原始信任度,没有考虑信任事实在具体文本中可能的改变。如果在一个文本中包含相同的或者相似的信任事实,则信任事实的可信程度在该文本中要做一定的调整,以便能够更加准确地反映信息文本的信任度。

（3）该方法没有反映信任事实的数量对信息文本信任度的影响。

因此，将在下一节中，讨论和阐述一种改进的文本信任度计算方法。

3.4.2 以事实可信度加权平均值作为文本信任度

公式(3.15)忽略了不同的信任事实对信息文本信任度的影响因子的不同。经过大量的观察和研究，可以初步总结以下多条启发式规则：

规则 3.3：信任事实出现在摘要或结束语中，对文本信任度的影响比出现在正文中大；出现在篇首（篇尾）、段首（段尾）比出现在篇中、段中大。

规则 3.4：信任事实的事实变量是关键词，对文本信任度的影响比事实变量为非关键词的影响大。

规则 3.5：与文本主题密切相关的信任事实，对文本的信任度的影响更大。

规则 3.6：在期望值相同的情况下，信任事实在文本中所占的比例越大，文本信任度越高。

依据以上四条规则，形成最终的信息文本信任度计算公式如下：

$$P_T(T) = \frac{\sum_{f \in FS_T} P_F(f) \times W(f)}{|FS_T|} \times \frac{1}{1 + \frac{1}{4}\lg(|T_s| / |FS_T|)}$$

（3.16）

其中，$W(f)$ 表示信任事实的权重。

公式(3.16)的适用范围等同公式(3.15)。权重取决于以下三个因素：信任事实在文本中出现的位置；信任事实的事实变量是否是文本的关键词；信任事实的事实变量与文本主题的相关度。计算方法如下：

$$W(f) = \theta + \alpha \times WC_P(f) + \beta \times WC_K(f) + \gamma \times WC_S(f) \quad (3.17)$$

其中，$WC_P(f)$、$WC_K(f)$、$WC_S(f)$ 分别表示位置权重、关键词词频权重和主题相关度权重，θ、α、β、$\gamma \in (0,1)$，并且 $\alpha + \beta + \gamma = 1$。为了使得 $W(f) \in (\theta, 1)$，可以通过调节 θ 值控制权重对事实可信度的影响。

下面分别讨论各个权重的计算方法。

（1）位置权重 $WC_P(f)$ 的计算

信任事实可能出现在一篇文本中的摘要、篇首、篇尾、段首、段尾和段中六个位置。不妨将这六个位置的权比例因子分别设为 $a_4 : a_3 : a_3 : a_2 : a_2 : a_1$。根据规则3.6，$a_4 > a_3 > a_2 > a_1 > 0$。信任事实的位置权重为它所对应的权比例因子与最大比例因子的比值。

（2）关键词词频权重 $WC_K(f)$ 的计算

信息文本的关键词根据词频确定。信任事实的关键词词频权重为该信任事实的事实变量的词频与所有关键词的词频中最大值的比值。

（3）主题相关度权重 $WC_S(f)$ 的计算

主题相关度权重需要建立在主题词汇库的基础上，将信息文本根据政治、经济、体育、军事等不同的主题进行分类，然后分别建立每个主题下的常用词汇库，形成主题词汇库。最后，根据信任事实的事实变量是否在文本所处主题类的主题词汇库中，分别将主题相关度权重设定为 1（相关）或 0（不相关）。

3.4.3　信息文本可信度评估算法

根据上文描述的信任事实可信度评估方法，可以给出基于信任事实的文本可信度评估算法，算法的伪代码如下：

算法 3.2：基于信任事实的文本可信度算法

输入：一篇文本的字符流 txt；

输出：该篇文本的可信度 P_T；

Txt_Trust_Degree _By_Fact(txt)

```
{   suppose S is a set of sentences of a text: S = {s₁, s₂, ..., sₙ};
    suppose Fact is the set of facts in this text: Fact = Φ
    for all sentences s ∈ S do
    {   if !is_fact(s) then
            continue;
        else
        {   f ←sentence_to_fact(s);
            Fact ← Fact ∪ f;
            f[6] ←format(f);    // f[6] = {f_RCP, f_RDP, f_RPP, f_RCN, f_RDN, f_RPN};
            N_f[6] ←Google_search(f[6]);
            P_F ←fact_trust_degree(f, N_f[6]);
            W ←weight_of_fact(f);
            degree[ ] ← P_F, weight[ ] ← W;
        }
    }
    P_T ←text_trust_degree(degree[], weight[], | Fact |, | S |);
    return P_T;
}
```

3.5　本章小结

本章首先阐述了信任事实的产生式表示方法以及基于自动机的信任事实提取过程。由于正确的真实的事实重现率高,错误的虚假的事实重现率低,可以利用互联网 Web 智能计算信任事实的可信度,也就是利用正事实和反事实在搜索引擎中的反馈结果数量的比值作为信任事实的可信度。最后,给出了一篇文本基于信任事实的可信度的计算方法和相应算法。

第 4 章
基于描述逻辑的信息文本内容
可信度评估方法

4.1　描述逻辑基础

　　描述逻辑(Description Logics,DL)是一种基于对象的知识表示的形式化工具,也叫概念表示语言或术语逻辑,它源于语义网络(Semantic Network)和KL-ONE,是一阶逻辑的一个可判定子集。但它与一阶逻辑不同的是,描述逻辑系统能提供可判定的推理服务,描述逻辑的重要特征是它具有很强的表达能力和可判定性。

　　描述逻辑建立在概念(Concept)和关系(Role)之上,其中概念表示对象的集合,关系表示对象之间的二元关系,并利用各种构造子,从简单概念构造出复杂概念。描述逻辑系统通常由四个部分组成:描述逻辑语言,用以描述领域中的概念和关系;公理集(TBox),用以表示概念间的包含关系;断言集(ABox),用以描述概念的实例;TBox 和 ABox 上的推理机制,用以从显式表示的知识中推导出隐含的知识。描述逻辑系统组成结构如图 4.1 所示。

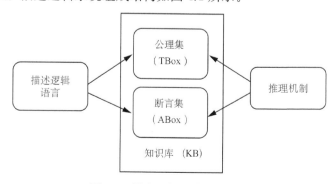

图 4.1　描述逻辑系统组成结构

在描述逻辑家族中，Schmidt-Schauß 和 Smolka 于 1991 年提出描述逻辑 ALC(Attributive concept description Language with Complements)，它是最基础、最重要并且具有实用价值的描述逻辑。下面首先介绍描述逻辑 ALC 的语法和语义。

1. ALC 的语法

在描述逻辑中，基本的描述有原子概念(一元谓词)、原子关系(二元谓词)和实例(常量)。一般地，描述逻辑依靠提供的构造算子，在简单的概念和关系上构造出复杂的概念和关系。ALC 允许 5 种构造算子：交($\cap$)、并($\cup$)、非($\neg$)、存在量词($\exists$)和全称量词($\forall$)。令 A、B 代表原子概念，R 代表原子关系，C、D 代表概念描述，ALC 中的概念可以通过表 4.1 中的语法规则生成。

表 4.1 ALC 的语法

$C, D \rightarrow A$	(原子概念)
$\top$	(全局概念)
$\bot$	(底层概念)
$\neg C$	(概念否定形式)
$C \cap D$	(交集)
$C \cup D$	(并集)
$\forall R.C$	(全称值约束)
$\exists R.\top$	(有限制的存在取值约束)

在描述逻辑 ALC 中，对于概念 C 和 D，如果有 $C \sqsubseteq D$，则表示概念 C 包含概念 D，也成为一般包含公理(General Concept Inclusion axiom, GCI)，由包含公理组成的集合称为公理集合 TBox。令 I 是个体的集合，x 和 y 是 I 中的个体，则 $C(x)$ 表示 x 是 C 的实例，也称为实例断言，$R(x, y)$ 表示 x 和 y 间具有关系 R，也成为关系断言，由实例断言和关系断言组成的集合称为断言集 ABox。ALC 知识库 $KB = \langle \text{TBox } T, \text{ABox } A \rangle$ 由有限的断言集和公理集构成。

特别地，如果去掉并构造子($C \cup D$)，否定构造子只允许作用于原子概念($\neg A$)，那么描述逻辑 ALC 就变为更简单的描述逻辑 AL。如果再去掉否定构造子($\neg A$)，那么又得到更简单的描述逻辑 FL$^-$。如果再去掉存在限制构造子,也就是只允许 $(C \bigcap D)$、$(\forall R.C)$,则得到描述逻辑 FL_0。这些更简单的描述逻辑因为表示能力不强,应用范围受限,尽管具有较大的理论价值,但并没有受到广泛关注。

2. ALC 的语义(表 4.2)

为了定义 AL 语言中概念的形式语义,需要使用解释 I。ALC 的解释 $I =$ $(\Delta^I,\cdot^I)$ 由非空集合 Δ^I(解释域)和解释域上的解释函数 $\cdot^I$ 构成。解释函数将每个个体映射为 Δ^I 的元素,每个概念映射为 Δ^I 的子集,关系映射为 $\Delta^I \times \Delta^I$ 的子集。对任意 ALC 个体 x,概念 C、D 和关系 R,有:

表 4.2　ALC 的语义

$$T^I = \Delta^I$$

$$\perp^I = \varnothing$$

$$X^I \in \Delta^I$$

$$C^I \subseteq \Delta^I$$

$$R^I \subseteq \Delta^I \times \Delta^I$$

$$\neg C = \Delta^I \setminus C^I$$

$$C \bigcap D = C^I \bigcap D^I$$

$$C \bigcup D = C^I \bigcup D^I$$

$$\exists R.C = \{\, x \mid \exists y. <x,y> \in R^I \wedge y \in C^I \,\}$$

$$\forall R.C = \{\, x \mid \forall y. <x,y> \in R^I \rightarrow y \in C^I \,\}$$

解释 I 称为 TBox 的模型,当且仅当对所有 $C \subseteq D \in$ TBox 时,都有 $C^I \subseteq D^I$。

解释 I 称为 ABox 的模型,当且仅当对所有 $C(x)$、$R(x,y) \in$ ABox 时,都有 $X^I \in C^I$,$\langle X^I, Y^I \rangle \in R^I$。

解释 I 称为知识库 $KB = \langle$ TBox,ABox $\rangle$ 的模型,当且仅当对所有 $C \subseteq D \in$ TBox 时,都有 $C^I \subseteq D^I$;且对所有 $C(x)$、$R(x,y) \in$ ABox,都有 $X^I \in C^I$,$\langle X^I, Y^I \rangle \in R^I$。

3. ALC 的例子

图 4.2 是家庭本体模型图,用描述逻辑 ALC 语言可表示为

Familiy = ⟨{Person, Male, Female, Man, Woman, Father, Mother,
GrandMather, Parent, Wife, hasChild, hasHusband},
{Tom, Alice, Mary},
{Man≡Person ∩ Male, Woman≡Person ∩ Female,
Father≡Man∩hasChild.Person, Mother≡Woman∩
hasChild.Person,
Parent≡Father∪Mother, Wife≡Woman∩hasHusband.Man,
Grandmother≡Mother ∩ hasChild.Parent},
{Tom, Alice, Mary},
{Man(Tom), Woman(Alice),
hasHusband(Alice, Tom), hasChild(Alice, Mary)} ⟩

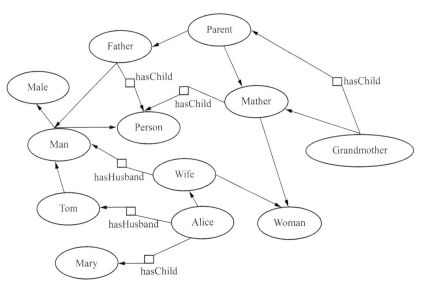

图 4.2　家庭本体模型

其中,Person、Male 和 Female 是原子概念, hasChild 和 hasHusband 是原子关系,而 Man、Woman、Father、Mother、Parent、Wife 和 Grandmother 是由原子概念和原子关系复合而成的复合概念。"Man ≡ Person∩Male"表示 Man 概念等价于 Person 概念和 Male 概念的交集,"Man(Tom)"表示 Tom 是 Man 概念的一个实例,"hasChild(Alice, Mary)"表示 Alice 和 Mary 组成 Haschild 的一个实例关系。

4.2　描述逻辑 ALC 的推理服务

4.2.1　TBox 的推理服务

作为面向对象的一种知识表示方法,描述逻辑一开始被人们用来构造领域的概念知识层次,以便帮助人们对领域形成清晰的认识。这实质上就要求对于 TBox T 中的任意两个概念 C、D,需要判断它们之间是否有父子关系,因此这是很重要的推理服务,不妨将其称为包含(subsumption)推理。

定义 4.1　包含 subsumption:设 C、D 是两个概念,如果对于 TBox T 的任意模型 I,都有 $C^I \subseteq D^I$,则称对于 T,概念 D 包含概念 C,记为 $C \sqsubseteq T^D$,或者 $T \models C \sqsubseteq D$。 如果 T 为空,则可简写为 $\models C \sqsubseteq D$。

定义 4.2　等价 equivalence:设 C、D 是两个概念,如果对于 T 的任意模型 I,都有 $C^I = D^I$,则称对于 T,概念 C 与概念 D 是等价的,记为 $C \equiv D$,或者 $T \models C \equiv D$。 如果 T 为空,则可简写为 $\models C \equiv D$。

等价关系表明两个概念虽然语法上或许有区别,但不管它们所在的世界被解释成什么,它们始终表达同一个语义,因而具有同样的性质。于是,通过判定两个概念的等价,就可以得出它们的隐含知识。

定义 4.3　分离 disjoint:设 C、D 是两个概念,如果对于 T 的任意模型 I,都有 $C^I \cap D^I = \varnothing$,则称对于 T,概念 C 与概念 D 是分离的。如果 T 为空,则可直接称概念 C 与概念 D 是分离的。

如果推理得出概念 C 与概念 D 是分离的,就可以知道在任意的解释中,C 与 D 不可能有同样的实例,即假设 a 是一个实例,则 $C(a)$ 与 $D(a)$ 不可能同时成立,否则会造成知识库的不一致。

还有一种重要的推理服务是概念的可满足性检测。当新概念被定义后,必须知道它对于目前的 TBox 有无意义,会不会与其他概念相冲突。对于描述逻辑而言,一个概念 C 没有意义,则等价于说明概念 C 是空概念,即是一个不包含任何实例的概念,称 C 对于 T 是不可满足的。然而,如果存在 T 的一个模型,使得概念 C 的解释不为空,则称 C 对于 T 是可满足的,即说明 C 在特定世界里是有意义的。对概念进行可满足性检测,是基于描述逻辑的知识表示系统必须要做的事情,因为所建立的知识库必须具有语义合理性,这首先就要求通过检测概念的可满足性来确保 TBox 是合理的。因此,概念的可满足性检测是描述逻辑的必要推理服务。

定义 4.4 可满足性 satisfiability：设 C 是一个概念，如果 T 存在一个模型 I，使得 $C^I \neq \varnothing$，则称为对于 T，概念 C 是可满足的。如果 T 为空，则可直接称概念 C 是可满足的。如果对 T 的任意一个模型 I，均使得 $C^I = \varnothing$，则称对于 T，概念 C 是不可满足的。如果 T 为空，则可直接称概念 C 是不可满足的。当概念 C 对于 T 是可满足的时候，T 与 C 存在共同的模型。

以上四种推理服务可以相互转化，相关定理如下。

定理 4.1 等价关系与包含关系之间的转化：设 C、D 是两个概念，则对于 TBox T，

$$C \equiv_T D \Leftrightarrow C \sqsubseteq_T D \bigcap D \sqsubseteq_T C$$

定理 4.2 包含、等价、分离关系到不可满足性的归约：设 C、D 是概念，T 是一个 TBox，则

① $C \sqsubseteq_T D \Leftrightarrow C \bigcap \neg D$ 对于 T 是不可满足的；

② $C \equiv_T D \Leftrightarrow (C \bigcap \neg D)$、$(\neg C \bigcap D)$ 对于 T 都是不可满足的；

③ C、D 对于 T 是分离的 $\Leftrightarrow C \bigcap D$ 对于 T 是不可满足的。

由定理 4.2 可知，TBox 的包含、等价、分离关系均可归约到不可满足性问题。这就意味着只要能够解决概念的可满足性问题，其他三个推理问题就可根据各自与不可满足性的归约关系自然得到解答。因此，概念的不可满足性的判定问题是 TBox 的关键推理服务。

4.2.2 ABox 的推理服务

如果所建立的 ABox 是合理的，其实就是要参照 TBox 给出的概念规范，使得 ABox 的所有断言都符合同一个解释，同时这个解释也应该使 TBox 有意义。例如 $A = \{Man(a), Woman(a)\}$，对于一个空 TBox 是有意义的，因为可以找到一个解释 I 满足 A，同时所有解释都是空 TBox 的模型，例如 ABox：$Man^I = \{a\}$，$Woman^I = \{a\}$。

如果参照 $T = \{Man \equiv Person \bigcap \neg Woman\}$，显然 Man 与 Woman 是分离关系，在任何解释下都不允许它们拥有同样的实例，因此 A 对于 T 是没有意义的，而 ABox 的一致性就是要解决这个问题。

定义 4.5 ABox 的一致性 consistent：设 T 是一个 TBox，A 是一个 ABox，如果存在一个解释 I，它同时是 T 和 A 的模型，则称 A 关于 T 是一致的。如果 T 为空，则可直接称 A 是一致的。

　　此外，ABox 还提供实例检测推理服务。

　　定义 4.6　实例检测 instance check：设 A 是一个 ABox，a 是一个实例，C 是一个概念，如果对于 A 的所有模型 I，都有 $a^I \in C^I$，则称 A 蕴含 $C(a)$，记为 $A \vDash C(a)$。

　　实例检测推理可以与 ABox 的一致性相互归约转化，该转化关系有以下定理。

　　定理 4.3　实例检测推理与 ABox 的一致性之间的归约转化：设 ABox A 是一致的，则

　　$A \vDash C(a)$ 当且仅当 $A \cup \{\neg C(a)\}$ 是不一致的。

　　一致性检测与实例检测是 ABox 的主要推理服务，由定理 4.3 可知，实例检测问题可归约到一致性检测问题。因此，一致性检测推理是 ABox 的关键推理服务。

　　此外，TBox 和 ABox 的推理服务之间也可以相互转化。

　　定理 4.4　概念的可满足性检测与 ABox 的一致性检测之间的归约：C 是可满足的，当且仅当所有 $\{C(a)\}$ 是一致的。

　　由该定理可知，概念的可满足性判定问题可归约到 ABox 的一致性问题。再结合定理 4.2、定理 4.3，我们可以知道 ALC(T) 的各种推理问题，实际上都可以归约到 ABox 的一致性问题上来。解决了 ABox 的一致性问题，其他问题也就迎刃而解了。图 4.3 示意了各种推理服务的关系。

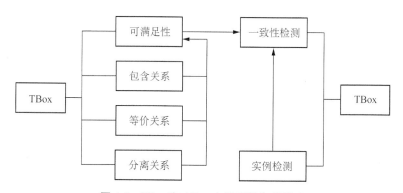

图 4.3　TBox 和 ABox 中推理服务的关系

4.2.3　描述逻辑中的 Tableau 推理算法

　　Schmidt-Schauß 和 Smolka 为了解决 ALC 概念的可满足性问题，首次提出

了 Tableau 算法,该算法经常被扩展,用于解决其他扩展 ALC 描述逻辑系统的可满足性问题。该算法具有很强的实用价值,下面先介绍一些基本概念,然后给出 ALC 的 Tableau 推理算法,用于判定 ALC 中概念的可满足性。

定义 4.7 否定标准形式 Negation Normal Form:利用德·摩根定律以及常用的量词定律将复杂的否定概念转换成否定的标准形式,也就是说,否定只出现在概念名的前面。

例如:$C=(\exists R.A)\bigcap(\exists R.B)\bigcap\neg(\exists R.(A\bigcap B))$ 经过否定标准形式转换后,得到等价的概念 $C_0=(\exists R.A)\bigcap(\exists R.B)\bigcap\forall R.(\neg A\bigcup\neg B)$。

ALC 的 Tableau 推理算法使用一棵树来表示推理中构建的模型。树中的每一个节点 x 代表一个个体(Individual),同时用一个 ALC 概念表达式的集合 $L(x)$ 来标记,而且必须满足:

$$C\in L(x)\Rightarrow x\in C^I$$

树中的每一条边 $\langle x,y\rangle$ 表示两个个体存在着角色关系,并且角色 R 必须满足:

$$R=L(\langle x,y\rangle)\Rightarrow\langle x,y\rangle\in R^I$$

为了判定一个概念表达式 D 的可满足性,判定树初始化时只包含单个节点 X_0,$L(X_0)=\{D\}$,通过运用表 4.3 中的扩展规则,不停地扩展这棵判定树,直到没有任何扩展规则可以使用。如果没有任何规则可用,则判定树 T 是完全的。

表 4.3 ALC 的 Tableau 扩展规则

1) $R\bigcap$ 如果 $C_1\bigcap C_2\in L(x)$,且 $\{C_1,C_2\}\not\subset L(x)$,则
$$L(x):=L(x)\bigcup\{C_1,C_2\}$$

2) $R\bigcup$ 如果 $C_1\bigcup C_2\in L(x)$,且 $\{C_1,C_2\}\bigcap L(x)=\varnothing$,则
  a. 保存 T
  b. 尝试 $L(x):=L(x)\bigcup\{C_1\}$,如果发生冲突则恢复 T 同时往下
  c. 尝试 $L(x):=L(x)\bigcup\{C_2\}$

3) $R\exists$ 如果 $\exists R.C\in L(x)$,且没有 y,使得 $L(\langle x,y\rangle)=R$,同时 $C\in L(y)$,则
创建新节点 y 和边 $\langle x,y\rangle$,$L(y)=C$ 且 $L(\langle x,y\rangle)=R$

4) $R\forall$ 如果 $\forall R.C\in L(x)$,且没有任意的 y,使得 $L(\langle x,y\rangle)=R$,同时 $C\in L(y)$,则
$$L(y):=L(y)\bigcup\{C\}$$

定义 4.8　冲突 clash：对于判定树 T 中的节点 X 或概念 C，当下列情况出现时，判定树 T 中包含一个明显的不一致或冲突。可表示为

$$\bot \in L(x) \quad \text{或者}$$
$$\langle C, \neg C \rangle \subseteq L(x)$$

如果概念 D 的判定树 T 是无冲突的(clash-free)，则 D 的可满足性是成立的。

一棵完全的无冲突的判定树 T，可以平凡地转化到一个可以验证概念 D 的可满足性的模型。令

$\Delta^I = \{ x \mid x \text{ 是判断树 } T \text{ 中的节点} \}$

$CN^I = \{ x \in \Delta^I \mid CN \in L(x) \}$ 对于概念 D 中的所有概念名 CN

$R^I = \{ \langle x, y \rangle \mid \langle x, y \rangle \text{ 是判断树 } T \text{ 中的一条边且 } L(\langle x, y \rangle) = R \}$

Tableau 推理算法是 ALC 概念的基于 Tableau 的可满足性算法，可以扩展为 ABox 的一致性问题的算法，经过改进和优化后可以应用到 ALC 的描述逻辑推理中。

4.3　语义 Web 的描述逻辑推理

4.3.1　语义 Web 的本体语言

为使语义 Web 工作，计算机必须能够访问结构化的信息集合以及一套推理规则并据此进行自动推理，因此必须首先提供 Web 网页的合适表示方法。现在的 Web 网页是用 HTML 语言来组织描述的。HTML 提供了组织数据以一种普遍的方式进行显示的标准，其简单性促进了 Web 的快速发展，但其简单性同时也限制了 Web 的开发和应用。由于 HTML 信息表达能力的不足，出现了一系列基于 Web 的本体语言，也叫本体标记语言，例如 SHOE、XOL、RDF(S)、OIL、DAML+OIL、OWL，为本体在语义 Web 研究领域注入了活力。下面将阐述 RDF(S)和 OWL 语言。

1. RDF(S)

RDF(S)是 RDF(Resource Description Framework，资源描述框架)和 RDF Schema 的合称。RDF 解决的是如何采用 XML 的标准语法，无二义性地表述资源对象的问题，使得所描述的资源的元数据(metadata)信息成为可理解的信息。元数据是一个由来已久的概念，它的具体含义是关于信息的描述性信息，可以将

它简单地理解为"关于数据的数据"。假设某网页的文本是"数据",那么此网页的作者、标题等信息就是这个网页的"元数据",这是一个很典型的例子。元数据一旦从原始内容中提取出来,就可以把它与原始的内容分开,单独对它进行处理,从而大大简化了处理过程。

所有被 RDF 描述和规范的信息和文档都看作资源。RDF 采用三元组(资源、属性、属性值)来描述 Web 上的各种资源,属性表明了这些属性值和资源之间的关系。属性值要么是一些被认为具有原子性的事物(如字符串或者数字),要么是其他资源。RDF 的元数据模型可以表示为一个有向标记图,图由节点和节点之间带有标记的连接弧所组成,节点表示 Web 上的资源,弧表示这些资源的属性。

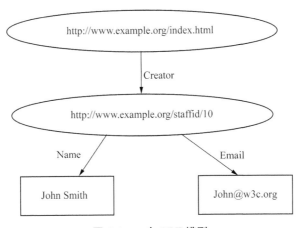

图 4.4　一个 RDF 模型

图 4.4 是一个 RDF 模型的例子。一个网页(http://www.example.org/index.html)由一个人(http://www.example.org/staffid/10)创建,这个人的名字为 John Smith,邮件地址为 John@w3c.org。图 4.4 的 RDF 文档如下:

〈rdf:Description about='http://www.example.org/index.html'〉

　　〈Creator rdf:resourse= http://www.example.org/staffid/10/〉

〈/rdf:Description〉

〈rdf:Description about='http://www.example.org/staffid/10'〉

　　〈Name〉John Smith〈/Name〉

　　〈Email〉John@w3c.org〈/Email〉

〈/rdf:Description〉

从上面的例子可以看到,RDF 中两个重要的技术 URI 和 XML。URI 可唯一地标识资源,而 XML 定义了 RDF 表示语法,以 XML 嵌套的形式定义的数据结构和以 RDF 三元组的形式来表示的数据关系,使语义、句法和结构得到了很好的统一。但是,这种说明性的语言没有提供机制来描述属性,不能说明属性和其他资源的关系,因此需要 RDF 的词汇描述语言 RDF Schema(RDFS)。RDFS 是在 RDF 的基础上引进了类的概念、类之间的包含关系、属性之间的包含关系以及属性的定义域和值域。

　　RDFS 对 RDF 原语的扩展分为三类:①核心类, rdfs: Resource, rdfs: Property, rdfs: Class;②核心属性, rdfs: type, rdfs: subClassOf, rdfs: subPropertyOf;③核心约束, rdfs: ConstrainResource, rdfs: ConstrainProperty, rdfs: range, rdfs: domain。

　　rdfs: Resource 是 RDF Schema 资源的总类,所有被 rdfs: Resource 描述的对象都是 RDF Schema 类的实例。rdfs: Property 和 rdfs: Class 均为 rdfs: Resource 的子类,分别表示 RDF Schema 属性资源与类资源。rdfs: type 属性指明一个资源所属的类型,例如所有的类资源其 rdfs: type 属性值都为 rdfs: Class;所有的属性资源其 rdfs: type 属性值都为 rdfs: Property。rdfs: subClassOf 定义类资源间的子类与父类的关系;rdfs: subPropertyOf 定义属性资源间的子属性与父属性的关系。rdfs: subPropertyOf 和 rdfs: subClassOf 都必须为严格的偏序关系,即满足非自反、反对称及传递性三个性质。rclfs: ConstrainResource 用以描述资源间的约束。rdfs: ConstrainProperty 是 rdfs: ConstrainResource 的子类,描述对属性资源的约束。rdfs: range 与 rdfs: domain 均为 rdfs: ConstrainProperty 的实例,分别用来定义一个属性所应匹配的合法主语与宾语的类型,例如属性 rdfs: subClassOf 的合法主语与宾语都必须为 rdfs: Class。

　　2. OWL

　　OWL(Web Ontology Language)是 W3C 推荐的本体描述语言的标准,作为 RDF(S)的扩展,目的是提供更多的原语以支持更加丰富的语义表达,并支持推理。OWL 有三个子语言:OWL Lite、OWL DL 和 OWL Full。OWL Lite 的表达能力有限,但推理效率高。OWL DL 在保证推理的完备性和可判定性的前提下,有尽可能强的表达能力。OWL Full 有较强的表达能力,但不对推理做任何保证。构建本体时,用户可以根据需要选用一种语言。

　　OWL Lite 支持类层次和简单的约束。例如,它支持基数限制,但只允许基数值为 0 和 1。因此,为 OWL Lite 提供工具支持,比提供更多的可表达关系项相对来说更简单一些。

OWL DL 在保证计算完备性和可判定性的基础上,支持最强的表达能力。它具有 OWL 的所有受限的语言构造符。例如,类不可以是实例和属性,属性不可以是实例和类。OWL DL 表达能力与描述逻辑对应。它与现有的描述逻辑技术兼容,并具有良好的推理可计算性。

OWL Full 支持最大限度的表达能力,支持 RDF 语法的自由使用,但是不保证推理的可计算性。例如,在 OWL Full 中,类可以看作实例的集合也可以看作一个实例。OWL Full 允许本体扩充 RDF 和 OWL 中预定义词汇的含义。很可能没有任何推理工具可以支持 OWL Full 的所有功能的完全推理。

OWL Full 可以看成是 RDF 的扩展,而 OWL Lite 和 OWLDL 则可以看成是一个约束化的 RDF 的扩展。每个 OWL(Lite,DL,Full)文档都是 RDF 文档。每个 RDF 文档都足 OWL Full 文档,但只有部分 RDF 文档才是合法的 OWL Lite 或 OWL DL 文档。因此,当用户想要将 RDF 文档转换为 OWL 文档时需要非常注意。每一个被作为类名的 URI 都必须清楚地声明为类型 owl:Class(对于属性也是一样),每一个个体都必须至少属于一个类(哪怕只是定义为 owl:Thing)。被用来表示类、属性和个体的 URI 都必须彼此不相交。

4.3.2　基于描述逻辑的语义 Web 推理

面向语义 Web,领域本体表示、推理方法等的具体过程如下。

(1)创建领域术语集:依据所需要解决的任务和所使用本体语言 OWL 的本体承诺,创建领域术语集,此阶段的工作主要是由本体工程师来完成;

(2)创建领域本体:依据 OWL 的语法规则,使用领域术语集中的术语,创建领域知识集,领域本体={领域术语集,领域知识集},在这里就得到了领域本体,此阶段的工作主要是由本体工程师来完成;

(3)调用合适的推理系统进行推理:调用本体推理系统(例如 FaCTI 系统、RACER 系统)对领域本体进行推理,此阶段的工作是由机器自动完成。

基于本体的推理以描述逻辑语义为基础,使得基于某一种描述逻辑语言的推理成为非常普遍的功能。作为一个存在语义的本体,它的一致性的检测,进行合理性推理的保证就成为其应用的基本条件。本体的研究也相应地促进了基于某种描述逻辑的推理机的发展。

描述逻辑的推理机 Racer 是由 V. Haarslev 和 R. Moller 设计的,它是早期推理机 Race 的更新版本,Race 是以 ALCQHR+描述逻辑为基础的推理机。而 Racer 的描述逻辑基础是 SHIQ,它扩展了 ALCQHR+,可以支持数量限制和反转角色。按照 ALC 的命名规则，SHIQ 可以称为 ALCQHIR＋。由于本体描述语言 OWL DL 的描述逻辑基础是 SHIQ，那么基于此逻辑的推理行为都可以作为 Racer 的应用范围。

Racer 可以直接读取 OWL 文件，并把它们表示为描述逻辑知识库。Racer 所支持的推理服务有以下几个：

（1）TBox 的概念一致性；

（2）TBox 的概念包含性；

（3）找出 TBox 中所有不一致的概念；

（4）确定一个概念的父类和子类；

（5）ABox 的一致性检测；

（6）ABox 的实例检测；

（7）给定一个概念，找出所有属于这个概念的实例；

（8）给定一个实例，确定这个实例属于哪个概念；

（9）找出一个实例的所有属性。

4.4　基于描述逻辑的信息文本内容可信度计算

由于一般的信息文本都是自然语言可理解的，而计算机无法直接阅读和理解，因此需要使用知识提取技术，将信息文本转换成 RDF 文档，以便于计算机处理，RDF 文档的格式在上文已有说明。RDF 文档包含文本中的所有概念、概念的个体常量、个体的属性、概念与概念之间的关系、个体与个体的关系等，可以用描述逻辑的推理算法推导存在的个体是否有意义，个体的属性是否有效以及概念与概念之间的关系、个体与个体之间的关系是否成立。如果一篇文本中含有越多有意义的个体、有效的个体属性、成立的概念关系、个体关系，那么这篇信息文本越可信，即内容可信度越高。基于描述逻辑的信息文本内容可信度计算公式如下：

$$D(t) = \frac{\alpha T_{ad} + \beta T_{att} + \gamma T_{role}}{\alpha N_{ad} + \beta N_{att} + \gamma N_{role}} \ (0 < \alpha, \beta, \gamma < \infty) \tag{4.1}$$

其中，N_{ad}、N_{at}、N_{role} 分别表示文本中个体、属性和关系的数量，而 T_{ad}、T_{at}、T_{role} 分别表示有效的个体、属性和关系的数量，α、β、γ 分别为个体、属性和关系在文本中的权重。

基于描述逻辑的信息文本内容信任度的计算过程如图 4.5 所示。

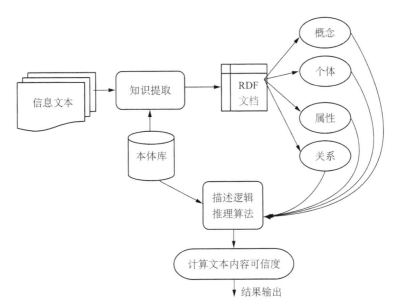

图 4.5　基于描述逻辑的文本内容可信度计算过程

4.5　本章小结

　　本章首先阐述了描述逻辑 ALC 语言的语法、语义和推理服务,语义 Web 中的信息结构化表示方法,包括 RDF 资源描述框架和 OWL 本体描述语言。然后介绍了基于描述逻辑的语义 Web 推理,推理的过程包括创建领域术语集、创建领域本体和调用合适的推理系统进行推理三个部分。最后给出了基于描述逻辑的文本内容可信度的计算方法,利用描述逻辑推导文本中的个体是否有意义,个体的属性是否有效以及概念与概念之间的关系、个体与个体之间的关系是否成立。如果一篇文本中有越多有意义的个体、有效的个体属性、成立的概念关系、个体关系,那么这篇信息文本就越可信。

第 5 章
科技文档(论文)的结构信任模式

5.1 科技论文的结构格式

随着科学技术飞速发展,科技论文大量发表,越来越要求论文作者以规范化、标准化的固定结构模式来表达他们的研究过程和成果。这种科技论文的通用型结构形式是人们经过长期实践总结出来的论文写作的表达形式,它是最明确、最易令人理解的表达科研成果的规范形式。构成科研论文通用格式的基本组成部分如下。

1. 标题

科技论文标题最基本的要求是醒目、能鲜明概括出文章的中心论题,以便引起读者关注。它应尽量少用副标题,同时,尽量不用艺术加工过的文学语言,更不得用口号式的文字。科技论文标题还要避免使用符号和特殊术语,应该使用一般常用的通俗化的词语,以使本学科专家或同行一看便知,而且外学科的人员和有一定文化的读者也能理解,这才有利于交流与传播。

2. 作者及其工作单位

该部分主要体现论文作者的文责自负精神,记录作者辛勤劳动及其对人类科学技术事业所做出的奉献。因此,发表论文必签署作者姓名。署名时,可用集体名称,或用个人名义。个人署名必须用真实姓名,不可使用笔名、别名,并写明工作单位和住址,以便联系。

由于现代科学技术研究工作趋于综合化、社会化,需要较多人员参加研究,署名时,可按其贡献大小,排序署名。只参加某一部分、某一实验及对研究工作给予支持帮助的人,不再署名,可在致谢中写明。

3. 摘要

摘要又称提要,一般论文的前面都有摘要。设立该部分的目的是为了方便读者概略了解论文的内容,以便确定是否阅读全文或其中一部分,同时也是为了方便科技信息人员编制文摘和索引检索工具。摘要是论文基本思想的缩影,虽然放在前面,但它是在全文完稿后才撰写的。有时,为了国际学术交流,还要把中文摘要译成英文或其他文种。摘要所撰写内容大体如下:

① 本论文研究范围、目的以及在该学科中所处的位置;

② 研究的主要内容和研究方法;

③ 主要成果及其实用价值;

④ 主要结论。

摘要撰写的要求是:准确而高度概括论文的主要内容,一般不作评价;文字要求精炼、明白,用词严格推敲;摘要内容一般不举例证、不讲过程、不做工作对比、不用图或图解、不用简表、不用化学结构式等,只用标准科学命名、术语、惯用缩写、符号等;其字数一般不超过正文的 5%;近年来,为了便于制作索引和计算机检索,要求在摘要之后给出本篇论文的关键词(或主题词),以供检索之用。

4. 引言

引言是一篇科技论文的开场白,写在正文之前。每篇论文引言,主要用以说明论文主题、总纲。常见的引言包括下述内容:

① 科研的提出背景、性质范围、研究目的及其重要性;

② 前人相关研究经过、成果、问题及其评价;

③ 概述达到理想答案的方法。

引言一般不分段落,若论文内容较长、涉及面较广,可按上述三个内容分成三个段落。引言里,作者不应表示谦意,也不能抬高自己、贬低别人。对论文评价,留给读者评判。

5. 正文

正文是论文的主体,占全文篇幅的绝大部分。论文的创造性主要通过正文表达出来。同时,正文也反映出论文的学术水平。写好正文要有材料、事实、内容,然后有概念、判断、推理,最终形成观点、结论。也就是说,应该按照逻辑思维规律来安排组织结构,这样就能顺理成章。正文一般由以下几部分构成:

(1) 研究目的

研究目的是正文的开篇。该部分要写得简明扼要、重点突出。实验性强的论文,先写为什么要进行这个实验,通过实验要达到的目的是什么。

(2) 实验材料和方法

科学研究从开始到成果的全过程,都要运用实验材料、设备以及观察方法。

因此,应将选用的材料、设备和观测方法加以说明,以便他人据此重复验证。叙述和说明时,如果采用通用材料、设备和通用方法,只需简单提及。如果采用有改进的特殊材料和实验方法,就应较详细地加以说明。如果论文在国外期刊上刊载,为了便于对外交流,就需要标明材料成分,对照外标号做相应的说明。

（3）实验经过

实验经过主要说明制定研究方案和选择技术的路线以及具体操作步骤,主要说明实验条件的变化因素及其考虑的依据。叙述时,不要罗列实验过程,而只叙述主要的、关键的部分,并说明使用不同于一般的实验设备和操作方法,从而使研究成果的规律性更加鲜明。如果引用他人之法,标出参考文献序号即可,不必详述,如有改进,可将改进部分另加说明。

（4）实验结果与分析

该部分是整篇论文的心脏部分。一切实验成败由此判断,一切推理由此导出,一切议论由此引出,因此应该充分表达,并且采用表格、图解、照片等附件。这些附件,在论文中起到节省篇幅和帮助读者理解的作用。数据是表现结果的重要方式,其计量单位名称、代号,必须采用统一的国际计量单位制规定。文中要尽量压缩众所周知的议论,突出本论文的新发现以及经过证实的新观点、新见解。

6. 结论

该部分是整个科学研究的总结,是全篇论文的归宿,起着画龙点睛的作用。一般说来,读者选读某篇论文时,先看标题、摘要、引言,再看结论,才能决定是否阅读正文。因此,结论写作也是很重要的。撰写结论时,不仅对研究的全过程、实验的结果、数据等进一步认真地加以综合分析,准确反映客观事物的本质及其规律,而且对论证的材料、选用的实例,语言表达的概括性、科学性和逻辑性等方面,都要一一进行总判断、总推理、总评价。同时,撰写结论时,不是对前面论述结果的简单复述,而要与引言相呼应,与正文其他部分相联系。总之,结论要有说服力,恰如其分,恰到好处。

7. 致谢

科学研究通常不能只靠一二人的力量就能完成,需要多方面力量支持、协助或指导。特别是大型课题,更需联合作战,参与的人数很多。在论文结论之后,应对整个研究过程中,曾给予帮助和支持的单位和个人表示谢意。尤其是参加部分研究工作,未有署名的人,要肯定他们的贡献,予以致谢。如果提供帮助的人过多,就不必一一提名,除直接参与工作,帮助很大的人员列名致谢,一般人均笼统表示谢意。如果有的单位或个人确实给予帮助和指导,甚至研究方法都从人家那里学到的,也只字未提,未免有剽窃之嫌。如果写上一些从未给予帮助和指导的人,为了照顾关系,提出致谢也是不应该的。另外,有些名家、学者或教授,从未指导,也没有阅读过论文,借致谢提名抬高身价,更是不对的。总之,要坚守科学道德规范,切实杜绝不良风气。

8. 参考文献

作者在论文之中,凡是引用他人的报告、论文等文献中的观点、数据、材料、成果等,都应按在本论文中引用先后顺序排列,文中标明参考文献的顺序号或引文作者姓名。每篇参考文献按作者、篇名、文献出处排列。列上参考文献的目的,不只是便于读者查阅原始资料,也便于自己进一步研究时参考。应该注意的是,凡列入的参考文献,作者都应详细阅读过,不能列入未曾阅读和参考的文献。

9. 附录

附录是将不便列入正文的有关资料或图纸编入其中,包括有实验部分的详细数据、图谱、图表等,有时论文写成后,临时又发现新发表的资料,需要补充时,可列入附录。附录中所列材料,可按论文表述顺序编排。

以上所谈及的论文写作基本结构形式如图 5.1 所示,适用于大课题、篇幅长的论文,对于小课题、篇幅短的论文,基本结构格式可增减、合分。作者采用格式模板时,不能生搬硬套,可依据具体情况,有增减、合分,最终要求是服务于更好地表述论文内容。

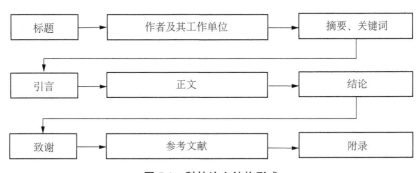

图 5.1　科技论文结构形式

5.2　科技论文内容特点

科技论文与一般论文不同,它是一种对自然科学、社会科学某一专业、学科领域的某一课题进行探讨、研究、分析、论证的规范性说理文体,是论文中具有特殊性质的一大类别。由于它的写作目的和表达方式的特殊性,因而又有以下一些特点。

(1)学术性。这是科技论文与其他类别文章的根本区别所在。科技论文是一种学术性的伦理文章,只能以学术问题作为论题,以学术成果作为表述对象,以学术见解作为文章的核心内容。因此,要求运用科学原理和方法,通过严密的论证和分析,以便揭示事物的内在本质和发展变化规律。

(2)科学性。这是一切学术论文的灵魂和生命。科学研究的目的是探索客观真理,因此首先必须发扬实事求是的科学精神,反对弄虚作假的不诚实态度。其次,任何学术研究,都必须符合科学规律。

(3)创新性。这是衡量学术论文价值的根本标准。科学研究是处理已有信息、获取新的信息的一种创造性精神劳动,需要不断开拓新的领域,探索新的方法,阐发新的理论,提出新的见解。表述科研成果的学术论文,贵在创新。如果没有一点创新性,就根本没有必要写学术论文。

(4)专业性。学术论文的专业性不仅表现在研究内容和手段上具有明显的专业特色,而且表现在文章的结构、专业术语、图表、公式等方面。

(5)规范性。不同的期刊论文虽然在语种、版面上有区别,但都具有相似的基本格式。世界发达国家对学术论文的撰写和编辑制定了各种国家标准。国际标准化组织也制定了一系列的国际标准,不同的学科和专业的学术机构还制定了本学科和专业的国际标准。

5.3　科技论文的质量要素

5.3.1　可读性

一篇科技论文的可读性是至关重要的,应当引起作者的高度重视。可读性是指读者在读过论文之后,能够明了作者要说的什么问题,是怎样着手解决的,并不需要读者全面理解作者论文的全部内容。因此,专业期刊同样要求论文具有可读性。如果一篇论文由于可读性差而失去很多读者,对于期刊本身而言,负面影响将是严重的。可读性是由如下因素决定的:①研究工作是是否深刻、是否取得了实质性进展,所得结论是否可靠,结果是否有启发性。如果是阶段性成果,对后续的研究有什么指导意义,是否是重要发现的前奏。②作者要对论文进行完整的构思,体现严密的逻辑思维,一项研究课题经过长期努力工作而得到结果时,就应当像艺术家构思作品那样,一丝不苟、精雕细刻。对论文的论述方式、内容的取材、学术思想的解释、研究背景的介绍等需要反复推敲、仔细斟酌,以期做到论文的结论严谨、内容充实、论述完整。③在论述方式上,要做到深入浅出,表达清楚和简练。专业术语准确,前后一致,语言要规范和生动。④文字与插图恰当配合。国内相当多的论文在利用图、表来生动地阐述学术内容方面还显不足,随着计算机三维可视化方法的普及,论文中采用彩图、立体图的趋势将会增加,这可以避免过多的文字说明,而且效果也比较好。⑤论文的体例格式。每个期刊都会制定能反映它们自己风格和特点的体例要求。体例不仅保证了论文形式上的规范,也保证了内容上的可读性。其中,论文的标题、摘要和关键词,这三者基本上决定了该论文能否被期刊所采纳、能否引起读者的兴趣。在 20 世纪之初,Hilbert 由于提出 23 个数学论题而名声大振,有人问他何谓一个好的数学选题,Hilbert 毫不犹豫地回答:"清晨你漫步时,能向你遇到的第一个行人,用 10 分钟时间解释清楚的数学选题。"可见,简明、清楚、易懂是一篇论文必须具备的基本条件。

5.3.2　信息量

信息量是源于通信领域而逐渐普及成为大众与媒体频繁使用的一个词,将它与一篇科技论文联系起来,是指在篇幅有限的情况下,论文本身能向读者提供多少有关该论题的信息。通俗地讲,读之前或许不知道、或许模糊不清、或许不确切的知识,在读过该文之后不仅获得了新知识,还消除了模糊不清或不确切之处,就说明这篇文章包含较多的信息量。简言之,当读完一篇文章后,获得的新知识越多,说明它的信息量就越大。但是,不可否认,篇幅的严格限制,将会促使作者想方设法删除那些与文章主题关系不大或次要的内容。作者面对篇幅的限制,不得不一次又一次地重新构思论文的框架,选择最重要的素材,采纳最恰当的表述方式,并对文字的叙述仔细推敲。这样做的结果,最后成稿论文的内容就非常充实了。

著名国际学术期刊 *Physical Review Letter* 的编辑,首先对来稿从标题、图表、数学公式直到参考文献逐一计算所占的行数,总行数绝对不能超过 460 行,否则立即退回作者重新修改,精练内容直到符合要求为止。篇幅虽多但内容不充实,论文包含的信息量太少自然很难被编辑审查通过,退稿是预料之中的事。从上可知,限制论文篇幅隐含着对信息量的要求,只要作者认真对待,反复修改,精练自己的叙述方式,就能够改善论文的质量,尤其是增加信息量。

在这方面值得借鉴的是,Watson 与 Crick 发现 DNA 双螺旋结构的论文发表在 *Nature* 上,只有约 500 字和一幅 DNA 的双螺旋图。Penzias 和 Wilsoh 发现宇宙大爆炸的 3K 背景辐射的技术观测论文也只有一页篇幅。众所周知,这两篇论文的作者分别获得了诺贝尔生物医学奖与物理学奖。

5.3.3　创新性

科技论文第一大质量要素就是有创新性,因此催生出了很多的论文查重软件,而且查重也成为检测高校毕业生论文评价的首要任务。诚然,科技论文就是作者对研究对象独到的见解,或在已有的研究成果基础上的改进。著名期刊 *Nature* 认为,创新是科研成果新颖的、引人注意的而且该项研究看来在该领域之内外具有广泛的意义,无论是报道一项突出的发现,还是某一重要问题的实质性进展的第一手报告,均应使其他领域的科学家感兴趣。*Science* 则认为,创新是指对自然或理论提出新见解,而不是对已有研究结论的再次论证,其内容激动人心并富有启发性,能引发广泛的科学兴趣。具体而言,就是说在已沉寂的研究领域提出创新思想,在十分活跃的研究领域取得重大进展或者是将原先彼此分离的研究领域融合在一起。因此,一篇论文或一项研究课题规模不一定很大,但研究一定要深入,结果一定要深刻,要能反映研究者独到的见解,这样才能列入高水平论文。

5.3.4　参考文献

将参考文献列为评价一篇论文质量的标准之一,主要是因为有了《科学文献索引》。由美国宾州的科学信息研究所(Institute for Scientific information, ISI)倡导的按论文被引用的次数来评价研究成果的思想,产生了 SCI,它除了收录论文的作者、题目、源期刊、摘要、关键词之外,还特意将论文所列的参考文献全部收录下来,这样就能把一篇论文同其他论文之间有学术意义的联系勾画出来,从而沟通了不同作者群体之间的学术联系,并进一步统计出期刊的影响因子(Impact Factor),即某一期刊在连续两年内发表的论文总数为 A,第三年它被引用的次数为 B,影响因子为 IF$= B/A$,意指该刊两年内所发表的论文在第三年被引用的平均次数,它反映了该期刊在世界范围内的影响。在不同刊物上发表文章其难易程度相差可能很大,可见参考文献对计算影响因子和评价论文水平所起到的作用。

对于作者来说，一项研究工作从选题开始就离不开阅读参考文献资料，在撰写论文时，产生新的学术思想之前，一定要将最重要的文献列举出来，说明当时的研究所达到的水平。在研究工作开展中，受哪些文献资料的启发，从哪些论文中获得了教益，促进了研究进度，属于这类的文献均应列出。写论文时应对论文涉及的学科内容进行检索，看看是否遗漏了重要的相关文献。因此，一篇论文所代表的研究只能起到承前启后的作用，除了自己独立而创新的那一部分内容外，在论文中不必也不可能对涉及的相关问题逐个详细论述，这时就需要给出有关的参考文献，以说明结论、观点、数据的来源，读者如想深入了解这个问题就可查阅文献。这样一来，文献就成了自己论文的补充和完善，编辑和审稿人将根据论文中列举的文献清单，初步判断该论文的水平以及作者对有关学科的背景知识水平，在一定程度上也可以判断作者的科学道德。学术论文在引用参考文献上存在以下问题：

（1）为了省事，转引文献，既不核对，自己也没有看过或浏览过，引用是否恰当、准确，一般很少考虑。

（2）只引自己的论文，这既是自负又是无知的表现，读者、编辑和审稿人认为作者的研究课题没有引起同行的关注，不属于热点课题，也不属于前沿课题，同时还认为作者对当前该领域各相关学科的进展不了解，起码很长时间没有查阅文献资料或阅读学术期刊。

（3）阅读的是中文文献，引用的是外文文献。例如英国原著在全国没有几本，就是中国科学院图书馆也没有，那么许多读者是从哪里得到原版著作阅读呢？中文版是几位专家历经千辛万苦完成的一本语言流畅、表达准确、可读性很高的译著，当你从中学得了有用的知识后，为什么只引用英文原著，而不引用中文译著呢？

（4）引用文献中近三年之内的比例少，这自然和作者能够阅读的国内外期刊少有关，随着互联网的发展，大量电子期刊出现，这种情况已得到大大改善。

5.3.5 署名与致谢

科技论文的署名是一件极其严肃的事情，应按研究工作实际贡献的大小确定署名，论文中的每一个作者均应对其论点、数据和实验结果等负责，其中责任作者还应当对读者的质疑有答辩的能力与义务。不恰当的署名既可能失去获得科学奖励的机会，还可能严重损害论文作者的声誉。一篇科技论文所涉及的研究工作在很多情况下是由一个研究小组完成的，至少包含了课题组的贡献，也包含了作者的同事、同行的学术交流与讨论,甚至向其他专家学者当面的或书面的请教,也包括经费的支持和工作条件的保障等。因此,作者通过论文对自己的学术思想、研究进展提供过帮助的主要人员表示致谢是完全应当的。

在第二次世界大战结束后,诺贝尔奖出现了一次极不公平的事件。当时著名的女物理学家莱丝·梅特娜(Lise Meitner)对核裂变做出了重大贡献,由于出身犹太民族受到迫害离开德国,她曾通过大量书信促进(实际上也指导了)奥托·哈恩(Otto Hahm)进行实验工作,遗憾的是哈恩为了独得诺贝尔奖,未能向评委会提供这些内情,既未在论文中署上梅特娜的名字,也未向她致谢,致使梅特娜被排斥于诺贝尔奖之外。这使科学界感到极大的震动,哈恩的品行将永远受到谴责。

论文的作者千万不要轻视致谢这段描述,把它看成是可有可无的事情。自己论文公开发表,既是用书面形式记载了你的科研成果,同时也记下了你的科研道德,比如哈恩无论他的论文档次多高,还是严重地伤及了他的品行。

以上五个要素,如表 5.1 所示,是一篇优秀科技论文必须具备的,至少是应当努力去实现的目标。编辑、审稿人实际上是与作者一起,为实现这一目标在不懈地工作着,关键当然还是作者自己。

表 5.1　科技论文质量要素

类型	要素	实际应用
可读性	①论述完整;②逻辑清晰;③表达简练;④文字配图得体;⑤论文格式规范	评价文本是否可信时的第一手依据
信息量	读者所得到的新知识	
创新性	研究者独到的原创	文章发表前的查重工作
参考文献	完整引用,说明出处	特征因子的统计途径
署名与致谢	论文的形成少不了帮助	

5.4　科技论文的评价方法

当前,对于科技论文的评价方法很多,每个期刊都有自己的既定标准,下面从三个角度阐述不同的评价方法。

5.4.1　基于期刊编辑角度的论文评价

将刚完成的论文初稿提交给期刊社审稿时,编辑由于专业的限制,很难从论文的专业上评价其学术质量的优劣,他们主要从论文的引言和参考文献的完备性、充分性来判断论文具有的科学性和创新性。

(1) 根据论文引言进行评价。引言的主要功能就是要体现论文的科学性和创新性。引言在结构上应该包括以下三点:首先,分析和总结现在的研究进展,这既是对别人科研工作的尊重,同时也反映出作者对此研究方向的认识深度;其次,找出领域内尚未解决的问题,找出该领域内现存方法的不足,指出新的研究方向;最后,提出本论文要解决的问题,解决方法的可行性和科学性。

(2) 根据参考文献进行评价。科研工作的显著特点是具有继承性和关联性,科研成果几乎都是对前人工作的继承和拓展,论文作者在其研究的选题论证、实验研究、理论分析总结以及撰写论文的过程中,都要参阅和利用大量的文献,吸收前人的研究成果,并在对其消化、分析的基础上,确定自己的研究方向和工作内容,然后通过进一步的深入研究,才能取得创新性成果。

(3) 根据稿件来源进行评价。分析来源即是看稿件是否来自基金资助项目的成果。基金资助项目在立项时都要经过同行专家的认真审核和评议。通常情况下,只有那些选题新颖且研究者具有足够研究能力的项目,才能得到资助。因此,可以认为基金项目成果具有一定的创新性。需要指出的是,基金项目产出论文应该是与项目研究内容有直接关系的论文。当然,并非所有基金论文都具有创新性和较高学术价值。

(4) 根据作者信息进行评价。作者信息包括第一作者年龄、职称、学历、研究方向、已取得的成果及正在进行的研究等。分析作者信息并非按其资历取舍稿件,而是因为作者的学术水平及科研素质与取得的科研成果的水平之间有一定的正相关性。科学研究工作有积累性,有清晰的继承关系,作者的理论素养、研究能力及实践经验需要有一个累积的过程,其研究才能达到一定的境界。研究者在与自己的研究方向相去甚远的领域,做出创新性成果的情况毕竟是不多的。

5.4.2　基于同行专家的论文评价

同行专家对科技论文评价的重点和标准是论文的科学性和创新性。同行专家对论文所涉及的研究背景、研究进展、研究方法、应用前景等非常熟悉,能够判断论文的学术价值和实用意义,对论文中存在的主要问题十分清楚,因而能客观公正地给出评价意见。

(1) 同行专家对论文学术性的评价。作者投稿到期刊,编辑部根据论文的专业方向,请同行专家对其进行学术评价,评价的重点是论文的科学性和创新性。评价的结果是:学术质量优和良的,建议录用发表;质量一般的,经过修改充实后发表;质量较差的,建议退稿。同行专家评价起到学术质量把关的作用,这种评价属早期评价。

(2) 基金资助部门组织同行专家对已完成资助项目论文的评价。项目主持人完成研究工作后,须将研究成果向基金资助部门汇报,申请项目结题评价。主要评价项目成果论文的创新层次和水平,评价其科学真实性、实用价值、适用范围等。这种评价由于评审专家的水平和层次很高,其权威性和可信度是很高的。这种评价属中期评价,研究项目结束后即行评价。

(3) 科学技术管理部门组织的科技成果论文的评价和评奖。例如,科技部主持的"国家科学技术奖"(特等奖、一等奖、二等奖、三等奖)、"国家科学技术进步奖"(一等奖、二等奖、三等奖),还有各省部级的"科学技术奖"和"科学技术进步奖"。这些评奖由政府职能部门主持评价评奖,属于政府奖,给获奖人员颁发荣誉证书和奖金,并可晋升工资,是我国科研人员最关注、最重要的奖项。其评价工作更是慎重严谨,评审专家阵容强大,评审条件和标准严格,获奖非常难,当然获奖成果及论文的学术水平和实用价值也是相当高的。这种评价的科学性、权威性和可信度是最高的。这种评价属后期评价,需等到佐证材料齐全后方可评价。

5.4.3　基于检索系统的论文评价

SCI、EI 等是国际公认的对科学技术研究成果进行评价的客观、定量、易操作的权威检索评价系统。随着我国科学技术评价体系与国际标准的接轨,学术论文在国际检索系统收录情况已愈来愈被我国科技界所接受和重视。

美国《科学引文索引》(*Science Citation Index*,SCI)有 40 年的历史,是世界上最著名的引文数据库,它从不同角度揭示期刊论文之间的引用与被引用情况,列出每一学科按各个引文指标排名的期刊表,从而能定量地反映每一种期刊在本学科领域学术交流体系中的作用和地位,并且可以直接确定核心期刊表及高频被引作者群等。EI 是美国《工程索引》(*The Engineering Index*)的英文简称,有 120 年的历史,是工程技术领域的综合性、文摘性检索工具,国际三大著名检索系统之一。

国内较为公认的"中文核心期刊"检索工具有三种,它们分别是北京大学图书馆主持编制的《中文核心期刊要目总览》、科技部委托中国科技信息研究所编制的《中国科学引文索引》+《中国科技论文引证报告》和中国科学院文献情报中心编制的《中国科学引文数据库》。

目前,我国在科技成果水平评价、科技成果评奖和研究人员职称评定时,一定程度上依据论文被 SCI、EI 和中国三大检索评价系统收录的情况,即将入编 SCI、EI 和中国三大检索评价系统作为评价论文学术质量的一个重要指标。例如,某篇论文若入编 SCI、EI 或中国三大检索评价系统,有关职能部门就认为该篇科技论文具有较高学术价值。无论是基于编辑角度的评价,还是基于同行专家对科技论文的评价,很大程度都是依据国际国内检索系统、核心期刊评价工具对论文的评价。

5.4.4 其他对科技论文检测评估方法

前面介绍的多种检测方法,都没有离开人的因素,用人工评估论文质量,效果确实不错,但是面对海量的论文,每一步都需要人工阅稿着实费时费力,因此利用机器代替人工,完成对科技论文的初步审核评判是非常必要的。从编辑角度,可以实现机器自动化审稿的工作。由于作者的学术水平是影响科技论文的质量的主要因素,利用作者各项特征信息,让机器自动地计算作者评分并且加以统计,以此衡量科技论文水平。为了审核文章标题跟正文内容关系的紧密度,采用标题正文内容匹配法,计算出二者之间的相关度。另外,自然语言理解技术正在不断成熟,可以利用该技术,开发相应论文评价软件工具。

5.5 结构信任模式

通过大量的调查发现,根据客体的不同形式,计算机科学领域中常用的信任模式大致分为五种:服务信任模式、评价信任模式、身份信任模式、系统信任模式和内容信任模式。内容信任模式能根据信息文本的内容对信息文本的可信度进行分析和评估,它不同于其他信任模式可能偏重于身份和角色的可信与否,更注重于自身内容的语义、结构的分析和推断,从而能反映该信息的本质特征。在内容信任的背景下,可以提出文档信任模式、文档结构信任模式、文档内容信任模式等相关概念。

定义 5.1　信任模式:是指客体中存在的、支持主体对客体的可靠性和真实性进行认可的规则。信任模式是对客体的结构或内容的信任特征的描述。

定义 5.2　内容信任模式:是指在特定环境下,以信息内容为依据,可作为评估可信性依据的信任特征的规则集。

科技文档的信任特征是指文本内容中蕴含的能够表达该文本可信性的语言特征,该特征表达了该文本的一种信任语义。例如,标题和正文需要一一对应的关系就是一种信任特征。信任特征的粒度可以是整篇文档的篇章结构特征,也可以是语段或句子的特征。科技文档中蕴含的这些信任特征和规则可以判断文档的规范性、可信性及文档的质量,称之为文档信任模式。

定义 5.3　文档信任模式:是指信息文档中存在的、对信息文档可靠性和真实性进行认可的规则。文档信任模式可以从文档的叙述结构和内容的行文规范两方面进行研究,分别称为文档结构信任模式和文档内容关系模式。

定义 5.4　文档结构信任模式:是对文档的篇章、句子等内容单元的结构蕴含的信任规则和特征的描述。

定义 5.5　文档内容关系模式:是以相关领域知识为背景知识库,通过挖掘内容单元间语义的关系,推断信息内容含义的合理性及阐述方式的规范性的规则集。文档内容关系模式的研究基础是信息文本中包含的信任属性、信任事实、信任证据等大量反映信息文本可信性的"基因"。

下面主要讨论文档的结构信任模式。一个好的文档结构是论文成功的前提,通过研究发现,结构在文档中无所不在。下例是一篇论文的篇章结构,可以看到该论文的组成部分、先后顺序等特征。从这些特征中可以得到许多判断文档质量的信息,例如文档结构是否完整,叙述顺序是否规范、合理等。

论文的篇章结构

信息文档结构信任模式的提取及逻辑描述（标题）
……
摘要:本文对信息文档结构信任模式……
关键词:信息文档结构信任模式;ALCCTL逻辑;……
1 引言
正文……
2 文档信任模式的相关概念
……
6 结束语

下面给出七种结构信任模式:存在模式、一致性模式、顺序模式、格式模式、符号模式、关联句模式和成分模式,并且分别给予分析和讨论。

5.5.1 存在模式

存在模式是对文档或更小的内容单元的组成部分存在与否的规定。存在模式表达的是包含关系,即大的内容单元 C 内是否包含了 A、B 等不可或缺的内容单元,是对文档逻辑结构树中一定要存在或一定不可存在某个节点的规定。

从篇章层次看,不同类型的信息文档具有不同的结构,也就具有不同的存在模式。Labov 认为,一个完整的叙事结构包括点题、指向、进展、评价、结局、回应六个部分。Hoey 提出可以用来描述和解释叙事、广告、说明文等不同语域的结构模式:情景、问题、反应、评价。Sonja Tirkkonen-Condit 认为,论辩体结构包括四个部分:情景、问题、解决方案、评价。不仅如此,不同行业领域的信息文档也具有不同的存在模式。不同行业领域,有不同的行业规范,这些行业规范对文档的组成部分会有明确的规定。例如,科技文档由以下几个部分组成:标题、摘要、简介、问题描述、解决方案、讨论和结论、总结。

通过研究发现,科技文档包含的存在模式有:

(1) 题目中不要用标点符号;

(2) 摘要由摘要正文和关键词组成;

(3) 引言中不要出现证明、推导。

存在模式描述了一个语义和结构上完整的整体,可以对文档内容进行完整性检查。存在模式还能去除不该出现的内容单元,使得叙述干练和规范。

5.5.2 一致性模式

一致性模式是文档逻辑结构的内容单元的关系集合,集合满足两个要求:

(1) 内容单元 $C1$ 的部分内容和内容单元 $C2$ 的部分内容要有语义上的关系;

(2) $C1 \neq C2$,且 $C1$ 出现在 $C2$ 之前或者之后。

如果 $C1$ 没有出现在 $C2$ 之前或者之后,则文档违反了一致性。一致性模式可以用来检查文档内容的一致性,剔除不合理的叙述和不符合逻辑的地方。科技文档存在的一致性模式包括:

(1) 概念术语在使用之前一定要先定义;

(2) 新概念定义不应出现在总结部分;

（3）定义在之后的章节要有所解释；

（4）主题在之后的部分一定要有所阐述；

（5）标题里的关键词要是正文中的主题；

（6）标题与正文应该一一对应。

5.5.3　顺序模式

顺序模式对内容单元的前后顺序进行规定。不同文体的文档,有不同的写作顺序要求。严谨的文体更是要求文档必须按照固有的顺序书写。在科技文档中,叙述的顺序往往是固定的,并且成为标准。一旦文档的叙述顺序出现问题,则不是一篇合格的文档。科技文档的顺序模式包括：

（1）科技文档各部分顺序:标题→摘要→简介→问题描述→解决方案→讨论与结论→总结；

（2）摘要:摘要正文在前、关键词在后；

（3）目录所列内容和顺序:前言、引言、章、带有标题的条、附录、应在圆括号中标明其性质、附录的章和带有标题的条、参考文献、索引、图、表。

5.5.4　格式模式

在一些文档中,格式要求是很严格的。遵守格式要求的文档美观且可读性强。不遵守格式要求的文档会给人感觉不够专业。最常见的格式是对字体大小、字形和文字或数字的要求。科技文档的格式模式包括：

（1）标准条文:五号宋体；

（2）章、条的编号和标题:五号黑体；

（3）正文的示例、注、脚注:小五号宋体；

（4）正文的字体:五号宋体,缩进 2 个字符；

（5）摘要:不多于 1 000 字。

5.5.5　符号模式

标点符号是为了解决句法中常见的歧义而产生的,在句法结构中的作用举足轻重。标点符号的位置不同,句法结构也会不同,往往使得一句话的含义大相径庭。例如：

（1）老师在大会上表扬了我哥哥,还给了奖品；

（2）老师在大会上表扬了我,哥哥还给了奖品。

《标点符号用法》(GB/T 15834—2011)中,标点符号定义为是辅助文字记录语言的符号,是书面语的有机组成部分,其作用是表示停顿、语气以及词语的性质。常用的标点符号分为 16 种,分点号和标号两大类。

点号的作用在于点断,主要表示说话时的停顿和语气。点号又分为句末点号和句内点号。句末点号用在句末,有句号、问号、叹号三种,表示句末的停顿,同时表示句子的语气。句内点号用在句内,有逗号、顿号、分号、冒号四种,表示句内的各种不同性质的停顿。

标号的作用在于标明,主要标明语句的性质和作用。常用的标号有九种,即引号、括号、破折号、省略号、连接号、间隔号、书名号和专名号。

标点符号的错误一般分为四种,分别为少用了标点,多用了标点,配对标号错误(如引号、括号、书名号等),标点符号用法错误。

通过对标点符号用法及常见错误的详细研究,可以发掘出如下符号模式:

(1) 句号、问号、叹号、逗号、顿号、分号和冒号一般占一个字的位置,居左偏下,不出现在一行之首;

(2) 破折号和省略号都占两个字的位置,中间不能断开,连接号和间隔号一般占一个字的位置,这四种符号上下居中;

(3) 着重号、专名号和浪线式书名号标在字的下边,可以随字移行;

(4) 引号、括号、书名号的前一半不出现在一行之末,后一半不出现在一行之首;

(5) 逗号的前面不能有除""""之外的标点;

(6) 逗号后面不能有除""""之外的标点;

(7) 省略号前不能有除"。""!""?"之外的标点符号;

(8) 省略号后不能有任何标点;

(9) 省略号后不能紧跟着"等等""等""之类"的词,会有意义重复的问题;

(10) 配对标号(引号、括号、书名号等)要成双出现。

5.5.6 关联句模式

关联句是由两个或两个以上意义相关、结构上互不作句子成分的分句组成。关联句中的分句之间有着一定的逻辑关系,根据分句之间不同的逻辑关系,可以把关联句分为并列、承接、递进、选择、转折、因果、假设、条件、目的等类型。关联句相比单句更能够有效地表达意思和描述事物。

关联句模式是指文档中关联句写法的规范和标准。关联句有着严密的逻辑关系,关联词的使用必须符合关联句的逻辑关系。如果关联词使用不当,就会造成文意表达出现偏差和错误。关联句模式可以根据关联句的逻辑关系,判断关联词使用是否得当,关联句的写法是否符合相应的规范。

根据关联句的关联关系不同,关联句模式有八种类型:并列关联模式、承接关联模式、递进关联模式、选择关联模式、转折关联模式、假设关联模式、因果关联模式、条件关联模式。不同的关联句模式可以由关联词区分:首先(起初)……然后……,不但(不仅、不只、不光)……而且(还,也,又)……,虽然(虽、尽管)……但是(但、可是、却、而、还是)……,因为(因)……所以(便)……,只有……才……,无论(不管,不论)……都……,等等。关联句模式要求关联句具有完整和准确的关联词。

5.5.7　成分模式

成分模式用来判断句子成分的缺失或冗余。句子是由句子成分按照一定的结构关系和表达层次构成的。句子的构造单位是句子成分,根据一个句子的结构特点和表达层次,句子成分共有六种,即主语、谓语、宾语、定语、状语和补语。句型为句子的基本结构类型,是对形式上具有相同组合关系句子的抽象与概括。常见句子成分错误的有如下几种情况:

(1) 主语残缺。

① 由于滥用介词或"介词……方位词"格式造成主语残缺。例如:从大量观测事实中告诉我们,要掌握天气的连续变化,最好每小时都进行观测。

② 暗中更换主语,造成主语残缺。例如:××同志是犯过错误的好同志,错误改正后,安排他担任县银行办公室主任。

(2) 谓语残缺。

① 一句话说了主语,还没有说完谓语,却又另外起了个头,因此造成谓语残缺。例如:一天,炮一连炊事员朱柯忠在去炮兵阵地的路上,突然有一个打扮成打猪草模样的人迎面向他走来。

② 由于缺少谓语造成谓语残缺。例如:伟大思想家鲁迅在《祝福》中的祥林嫂是受到封建礼教迫害的千百万妇女中的一个。

(3) 宾语残缺。例如:省委、省政府认真总结了造成这种落后状态的经验教训,从指导思想上,明确树立起依靠科学技术,加快解决这一突出矛盾。

(4) 定语、状语缺少或者不完整。例如:当前和今后一个相当长的时间内,每年进入劳动年龄的人口数很大,安排城镇青壮年劳动力就业是一项相当繁重的任务。

（5）主语有多余成分。例如：马金龙的成长和发展，使他认识到平凡人也可能做出不平凡的事情。

（6）谓语有多余成分。例如：回到家乡已经四个月过去了。

（7）宾语有多余成分。例如：目前这一代中年高、中级知识分子，大都是新中国成立后成长起来的各条战线上的中坚和骨干，不少人担负着领导职务。

（8）定语多余。例如：他参加工作后，坚持上业余夜校，刻苦钻研医务技术，补习文化。

（9）状语多余。例如：目前财政困难，有些问题短期内不可能很快解决。

（10）补语多余。例如：从此，原来这个平静的家庭里，就不时发生出使人不安的怪事来。

此外，词语的拼写错误也会导致句子成分出现问题。例如："这根棍子不常。"这句话，把原来是形容词词性的"长"字错写成了副词"常"，使该示例在成分分析时找不到谓语。

清华大学罗振声等学者于 1993 年提出了 209 个标准句型。在汉语中有 11 种句型，如表 5.2 所示，可以借鉴这些标准句型作为成分模式，对句子进行成分检测。通过这些标准句型的匹配和推理，可以得出句子是否有成分冗余或缺失。

表 5.2　标准句型

句型类别	句型
名词谓语句	主‖名词/名词词组
形容词谓语句	主‖"很"+形容词
主谓谓语句	主‖主+形容词/形容词词组
"有"字句	主‖状（+"没"）+"有"
⋮	⋮

5.6　科技文档结构树的自动提取

前文从文档的篇章、句子层、语义等方面定义了多种科技文档结构模式，这些结构信任模式让人们根据文档结构判定文档是否可信成为可能。然而，这些结构模式能够说明什么样的文档结构是可信的，但并没有提供判定可信的过程和方法。显然，判定过程分为两步：第一步是提取文档结构，建立文档结构树；第二步是根据文档结构分析文档的信任模式。

5.6.1　结构树的定义

从内容上讲，阅读任何文体的作品，都必须从整体上把握其篇章结构。只有弄清了篇章结构，理清了文章脉络，才能洞悉作者的行文思路，掌握文章的内容要点，进而准确理解文章的主旨。将篇章结构以结构树表示，可以使文档的行文结构和主旨大意更为清晰。从计算机处理方面来说，相比无结构的文档，结构树使计算机更加容易存储和运算。从结构上讲，信任模式中存在着大量的结构关系，如顺序模式中的前后关系、关联句模式中的并列关系、存在模式中的包含关系等等，树可以表达这些关系，且处理高效。文档的结构不是单一的，而是有层次的。句子组成了段落，段落又组成了章节，每层的结构各不相同，而树型结构也是层次结构，因此用树来表示文档是非常适合的。

文档的结构可分为三个层次：句法层、语义层和篇章层。这三层分别检测句子的结构是否符合规范，是否有语法错误；句与句之间、段与段之间的语义结构是否连贯；文档篇章组织是否合理和规范。根据章节的编排可以判断篇章组织的合理性，语义逻辑常常是段和句的编排问题，语法错误的勘察往往是通过分析句子实现的。因此，可以将结构树设计为一个层次结构，由四层构成，分别为篇章层、章节层、段层和句层。下面给出结构树的形式化定义。

定义 5.6　结构树：是一个五元组 $\langle A, P, C, S, E \rangle$，其中

第一层，根节点，是篇章 $A\langle A, \text{title}, \text{keywords} \rangle$。$A$ 指本节点的层次为篇章，keywords 指的是标题中的关键词。

第二层，章节树 $P\langle \text{Pi}, \text{pid}, \text{title}, \text{keywords}, \text{PE} \rangle$。Pi 指本节点的层次为章，$i \in N$。$i=0$ 时是章，$i=1$ 时是一级节，$i=2$ 时是二级节，依次类推。PE 是章节树边的集合，即上层节点连接下层节点的边。章节树亦是根据层次来建的树，即第一层为章，第二层为一级节，第三层为二级节，依次类推。

第三层，段节点 $C\langle C, \text{cid}, \text{types} \rangle$。type$\in\{$定义、举例、证明、推导、总结、陈述、关键词等$\}$。

第四层，句法分析树 $S\langle S, \text{sid}, \text{words}(\text{word}, \text{property}) \rangle$。

篇层 A 是一个根节点，是个二元组。这个二元组记录了篇章的标题和标题中的关键词。标题中的关键词往往是全文的主题。章节树 P 除了记录章节标

题和标题中的关键词外,增加了一个序号 pid。 这个序号在判断编排顺序时要用到。段节点 C 用来标明每段的逻辑作用。一致性模式对文档逻辑结构的内容单元的关系集合进行了描写,C 层对每段的逻辑作用的描写将帮助一致性模式的判定。句法分析树 S 处于结构树的最底层,根据句法分析树,可以断定语法错误,如成分冗余、成分残缺。E 是指连接各层的边。

5.6.2 结构树定义的文档转换为文档结构树

建立结构树分为三步:

第1步:根据标点符号、字体等特征将文章分为章、节、段、句;

第2步:生成篇章节点、章节点和段节点,并插入篇章树;

第3步:将句子用词法和句法分析技术分析各个词、句,并生成句法分析树,将句法分析树插入篇章树。

下面,根据文章层次详细阐述构建结构树的步骤。

1. 篇层和章节层的建立

篇层和章节层共有的特点都是将标题和标题中的关键词提取出来。根据格式不同,标题的提取方法也不同。

(1) 从网页中提取标题

网页是半结构化文档,自身含有一些标记文档结构的标签,根据这些标签可以很方便找到网页中的标题。在提取标题的同时,可以将其他不必要的标签、视频、图像等去掉,得到网页正文,以便于后续处理。网页具有以下两点结构特点:

① 网页中各种标记之间的嵌套关系,组成了一棵关于网页层次结构的 DOM Tree。DOM Tree 的各个分支体现了网页的部分语义结构,但不能表达绝对准确的语义结构。

② 网页通过空间和视觉的描述,提示用户网页中隐含的语义结构。这些提示包括:不同语义块之间的空间间距,不同语义块之间明显的水平或垂直分割线,不同语义块之间不同的背景颜色等。

根据网页的这些特性,可以借鉴 VIPS (Visual-based Page Segmentation) 技术,对网页进行分块,每个分块具有相对独立的主题,其中有一个分块包含了标题及其正文,它正是期望提取的内容。对于一个较为规范的网页,它的〈title〉标签中通常包含标题,因此可以利用该标题作为一个重要的启发式信息。另外,根据一些辅助启发式信息,在不同主题的多个分块中找到包含有信息文本的那个分块。最后,去除信息文本块中的一些网页标签,就可以提取出纯信息文本,具体的算法如下：

算法 5.1：从网页中提取标题

输入：URL:网页的URL;

输出：$\{pure_{txt}, title, h[\,]\}$;//一段纯文本字符流 $pure\_txt$，文章标题 $title$ 和章节标题组 $h[\,]$

Extract_Title( )

01   page ← download_page(URL);

02   if <$title$>∉page ∨ </title>∉page then

03   return (null, null, null);

04   else

05     $title$ ←the string between "<$title$>" and first-matched "</title>";

06   $B[N]$ ← VIPS (page) ; //divide the page into N blocks with VIPS algorithm.

07   for $i = 1$ to N do

08   if $title \in B[i]$;

09       $txt\_b[\,]←B[i]$;

10   if length(txt_b) = 0 then

11   return (null, null);

12   else if length (txt_b) =1 then

13     $txt ← txt\_b[1]$;

14   else

15     $max\_txt\_b[\,]←max\_title\_font(txt\_b[\,])$;

        //select the blocks whose titles are in maximum font size;

16   if length(max_title_seg) =1 then

17       $txt←max\_title\_seg[1]$;

18   else

19       $txt←very\_heart\_of\_page(max\_title\_seg[\,])$;

        //select a block which is the closest to the heart of page;

20   for $i = 1$ to length(txt) do

21   if <h>∈ txt ∧ </h >∈ txt

22       $h[\,]←$the string between "<h>" and first-matched "</h>";

23     $pure\_txt←tag\_filter(txt)$;

    //filter other HTML tags in the txt;

24   return ($pure\_txt, title , h[\,]$);

第 1 行首先下载一张网页；第 2～5 行从最先被匹配的〈title〉标签中提取标题，如果网页中不存在〈title〉标签，则返回空，一次计算结束；第 7～9 行的 for 循环，遍历网页的 N 个分块，找到所有包含标题的分块；第 10～19 行找出正文块,如果只有一个块包含标题,则把它当作正文块,如果有多块包含标题,则利用 max_title_font()函数和 very_heart_of_page()函数,将标题字号最大且位于网页最中心的分块作为正文块,最后如果没有任何块包含标题,则返回空,计算结束;第 20～22 行,将正文中〈h〉…〈/h〉标签之间的内容放入章节标题 h[]数组;第 23 行,去除正文块中的标签,同时过滤了正文中的图片、动画、声音等。

提取出正文标题后,将停用词、标点去掉,并提取出标题中的关键词,从而构建了篇层节点。章节层除了提取出关键词外,还要将标题数组建成一棵树。标题数组中存放的顺序正是按章节层前序遍历的顺序,建树步骤可以参考数据结构教科书,在此不再赘述。

(2) 从其他文档中提取标题

从其他文档中提取每一章节的标题,其难度可能比从网页中提取大,因为其他文档不一定有像网页那样明显的提示标签。但是,即使没有结构提示信息的文档,也有办法将章节的标题提取出来。

Microsoft Office、Adobe Reader 等软件提供了文档结构图和文档逻辑结构树功能。文档结构图可以帮助快速定位到文档的某一个章节,PDF 的标签树也提供了类似的功能。这些数据结构可以统称为目录图(树)。将结构树的段层和句层去掉,单看篇层和章节层的话,其结构和节点内容和目录树是相似的,它们都是提取出标题,存进特定的数据结构,而且这些结构往往也是层次结构。因此,这些数据结构可以帮助建立篇章两层的结构树。

若文档没有提供类似于目录树的数据结构,也可以通过匹配正则表达式,找到标题并插入结构树。章节的标题格式有如下特点:

① 标题前一般有章节标号;

② 章节标号前和标题后有回车换行符;

③ 标题中一般不含有分号、逗号、句号等标点符号;

④ 标题字数一般在 2 到 50 之间。

这些特点是所有文体通用的,相比起来,科技文档标题格式的要求更加严格,对字体、字号都有明确的要求。根据这些特点,利用正则表达式可以方便地提取出标题。例如,正则表达式如下:

^\n([第][一二三四五六七八九十,0～9]+[章]\s|([0～9]\.)+[0～9])? ([^。,!;]{2,50})\n$

对于正则表达式的含义以及正则表达式模式匹配算法,在此不再赘述。

2. 段层的建立

段层节点含有每个段的语义逻辑功能。语义逻辑功能是指段落内语义在文本中的功能作用,例如一个段落出现了对新概念的定义,这个段就有定义的功能在里面。若这个段落除了定义外还列举了例子,便除了定义功能还有举例功能。这些语义逻辑功能可以帮助判断语义上的连贯性。例如,在使用一个概念之前应该先定义,若定义放在使用之后的话,语义的连贯性则不好。

可以归纳出科技文档的语义逻辑有如下几种:定义、举例、陈述、推理、证明、图示、列表、计算等。判断句子的语义逻辑功能比较简单,因为它们的格式特点鲜明。例如定义功能,一般会出现"定义"这个关键词,并且定义之前一般为换行符,给出定义的格式也有模式,一般为"……是……"。根据这些特点可以将语义逻辑功能提取出来。

3. 句层的建立

相比句子来说,章和段的提取比较简单。章只要求提取出标题和标题中的关键词,而章的标题往往是有章可循的,其格式往往是"第 X 章",根据简单的正则表达式并结合相应格式即可提取出来。这里相应格式是指章节的标题往往是字体大、加粗并单独起行。Microsoft Office 软件提供的结构图,其中包含了章节信息。如果是一个 Word 文档,处理起来更方便准确。段可以根据换行符来确定,即除了章节标题外,换行符是段的分隔符。但是,句子的划分相对来说比较麻烦。在语法方面,中文没有英语等结构语言那么严谨、句型多样、标点符号使用灵活,要建立句法层的结构树将有很多问题需要解决,难度更大。

句层实际上就是一个句法分析树。建立句法分析树前,先要进行词法分析,即分词。分词可以将句子拆分为一个个单词,并且标注词性。之后根据词性和语法规则通过规约建树。通过句法分析树,可以知道句子是否存在语法成分缺失。词法分析是理解自然语言中最小的语法单位,即单词的基础。语言是以词为基本单位的,而词又是由词素构成的,即词素是构成词的最小的有意义的单位。词法分析包括两方面的任务:其一是正确地把一串连续的字符切分成一个一个的词;其二是正确地判断每个词的词性,以便后续的句法分析实现。以上两个方面处理的正确性和准确度,将对后续的句法分析产生决定性的影响,并最终决定语言理解的正确与否。目前相应的技术方法比较成熟,应用广泛的汉语语言词法分析器有中科院研发的 ICTCLAS10。在众多方法中,可以选择清华大学罗振声等学者于 1993 年提出的句型成分分析方法,原因如下。

（1）句法分析技术的语法体系中,应用最为广泛的技术是短语结构语法,这种语法根据规约规则建成一棵句法树。这种方法完全面向计算机的处理,没有与语言学理论结合。虽然方便了计算机的处理,却不能获得"理解"一种语言的能力,与现实中的语言理解相差很大。

（2）句型成分分析法可以将句子分解为各个句法成分,这能方便判断句子中成分的冗余或缺失问题。这正是成分模式需要解决的问题。

因此,句型成分分析方法是比较适合于本书所研究的内容的。为了使计算机更加方便地处理句型成分分析,可以借鉴短语结构语法,建立一棵句法树。建树分为四步。

第1步:根据规则识别出一个句子的主语、谓语等成分块。

先扫描已经分词并标好词性的句子,归并与处理句子中的介词结构。再扫描,将句中粘着性较强、优先级较高的词与词组进行归并与处理,变成语片。语片是指句中的两个或多个词由于相互间的结合力较强,通过粘合而形成的语言片段,这种片段能够结合在一起承担某种句法功能。经过捆绑,可以简化谓语的识别,提高分析的正确性。例如"一""个"可以粘成语片"一个"。李伟以北京大学计算语言学研究所提供的人民日报标注语料库为样本,以实词为当前词,将主要的粘合规则统计为一张表,如表5.3所示。

表5.3　粘合规则

标号	当前词	主要粘合规则
1	nr|n|an|nz|vn|r|nt|ns	L.h+.→NF;.+R.k→NF;
2	Vg|v.+R.	.+R.u→VF;
3	A|Ag|z|b.+R	.+R.u"的"→AF;
4	m|q	q+R.q→MF;m+R.q→MF;m+R.Ng→MF;
5	d|ad|vd	.+R.u"地"→ADF;
⋮	⋮	⋮

其中,NF是名词性语片,VF是动词性语片,AF是形容词性语片,ADF是副词性语片,MF是数量词语片,其他符号请参考《汉语文本词性标注标记集》。

粘合后,分析与判定句子的中心谓语。在判断一个词是否在句中作谓语中心词时,需要考虑是否满足充当谓语的条件。处理期间,将动词分为 14 个小类,其中有一些类的动词不必作谓语,一些类的动词可作谓语。例如:助动词一般不作谓语中心词,"下来""出来"等趋向性动词一般不作谓语中心词。动词不作谓语的情况有如下几种:

① 非谓语动词标记为助动词、补语动词等不必作谓语;

② 动词构成谓词性短语作主语;

③ 动词构成谓词性短语作定语;

④ 动词构成谓词性短语作状语;

⑤ 动词构成谓词性短语作补语等。

因此,首先需要排除掉不作谓语的词。若可以作谓语,则要考虑该词是否在先前绑定的语片中,前后是否有虚词"的""得""地"等情况。然后,比较句子中可以充当谓语的词,通过比较优先级得到语句中最适合作谓语的词。

最后,分析与判定其他四种句型成分。从句子的结构来看,主语和状语都在谓语前面,宾语和补语在谓语后面。通常,状语和补语在句子中有比较明显的边界标志,结构也比较简单。因此,可以采用句型分析系统中的策略:先识别状语成分,把谓语前面除状语以外的其他部分作为主语处理。当确定状语后,谓语前面如果已没有成分剩下,判断它是否满足无主句或省略句的要求。如果不是,则标记为主语缺失。

同样,在识别句子的宾语和补语时,先对谓语后面的部分确定补语,剩余的为宾语。在确定补语后,谓语后面如果已没有成分剩下,判断谓语是否具有必须带宾语的特性,如果是,则标记为宾语缺失。

第 2 步:用自底向上的方法对成分块进行短语结构检查。

上一步的目的在于找到谓语和句子的其他成分,在寻找的同时可以发现句子是否有错。当找到了句子成分后,将各部分进行上下文文法检查。这有两个作用,其一是通过短语子树可以发现短语内部结构是否正确,若不正确则不能产生短语子树的根节点;其二是归约后的短语子树的根节点是否满足充当成分块的要求。

第 3 步:分析检查成分块之间的关系。

若归约成功,则得到一个短语子树的根节点。将得到的根节点与句型对比,例如:充当主语和宾语的通常是名词性短语等。对于不满足要求的情况,对该成分块进行错误标记。

第 4 步:如果成分块分析成功,则插入句法树中。

下面举例说明句子分析的过程。

例 5.1：建立句法树"这种认为学习好,是很不对的"。

可以先对句子进行分词。结果为"这"(vy),"种"(qnk),"认为"(vgs),"学习"(ng),"好"(a),"是"(vy),"很"(ad),"不对"(a)"的"。

然后,句子各部分粘合成语片,合成后得到"这"(vy),"种"(qnk),"认为"(vgs),"学习"(ng),"好"(a),"是"(vy),"很不对的"。

下一步,划分成分,得到"这种认为学习好"是主语,"是"为谓语,"很不对的"为宾语。

然后,将"这种认为学习好"作为短语进行建树,得到如图 5.3 所示失败的短句结构。

图 5.3　失败的短句结构

该成分块无法被归结为短语,因此对此块进行错误标记。

当篇章层、段层和句层都提取好了之后,便可以插入结构树中。

例 5.2：一篇文档具有如下结构：

信息文档结构信任模式的提取及逻辑描述（标题）
……
摘要：信任模式是 ……
关键词：信息文档结构信任模式；ALCCTL逻辑；……
1 引言
正文……
2 文档信任模式的相关概念

根据以上步骤建树后,所得结构树如图 5.4 所示。

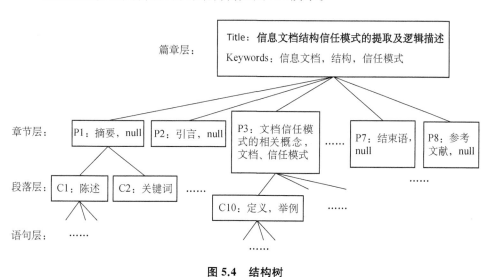

图 5.4 结构树

5.7 科技文档结构信任模式的分析

5.7.1 结构信任模式表达式

首先,需要对文档结构模式进行统一表示,找出一种既简单、可读性和可设计性又强的表达式。

定义 5.7 文档结构信任模式表达式:是由节点集合 N 和关系表达式 R 组成的,记为

$$M = (N_1, N_2 \cdots \mid R_1, R_2), 其中 N \in \{A, P, C, S\} \qquad (5.1)$$

其中,A 是篇章节点,P 是章节点,C 是段节点,S 是句法分析树。

值得注意的是,集合 N 中的节点需要按照四种不同层次分为不同集合,并用 A、P、C、S 标明。关系表达式 R 由节点和运算符组成。

分析结构信任模式可以发现,这些模式可以分解为几种简单的运算。如存在模式,表达了一种组成关系,这种组成关系可以通过"A 属于(不属于)B""A 和 B""A 或 B"排列组合而来。顺序模式,表达了一种先后关系,这种先后关系可以通过"A 在 B 之前(之后)"表达。可以设计五种运算,如表 5.4 所示。

表 5.4　运算符

运算符	关系
$A \rightarrow B$	A 在 B 之前
$A \in B$	A 属于 B
$A = B$	B 与 A 等同,其中 B 是表达式,B 表达式的运算结果与 A 是同一个节点
$A \wedge B$	A 和 B,二者同时出现
$A \vee B$	A 或 B,二者至少出现一个

值得注意的是,虽然这里的运算符与逻辑运算符的书写符号是一样的,但是含义却不同。逻辑运算符表示的是 True 和 False 的关系推理,从而得到一个逻辑值,这个逻辑值说明的是表达式是否成立。此处的运算符表示的是节点的关系推理,节点本身没有 True 和 False 的含义,运算符描述了节点间的出现关系、前后关系等,得到的结果不是表达式是否成立,而是节点间的关系是否正确,是否符合文档结构信任模式。以上这五种关系可以充分表示章节层的结构信任模式。

例 5.3:科技文档的存在模式:

(1) 摘要由摘要正文和关键词组成,且摘要正文以陈述为主;

(2) 引言中不要出现证明、推导。

转换后的表达式为:

(1)〈P(摘要),C(陈述,关键词)|摘要正文＝陈述∨陈述 摘要＝摘要正文∧关键词〉;

(2)〈P(引言),C(证明,推导)|证明∨推导∉引言〉。

转换时,有两部分工作。首先将模式中表示层次的关键词提取出来,按照各层次分别放入各层的节点集合;然后再将关系提取出来,分解成简单运算并转换为关系表达式。

例 5.3 中的第一句中,"摘要""摘要正文""陈述""关键词"分别属于章节层和段层。存在模式一般的叙述方式为"A 由 B 组成"或"B 中不含有 A",这些模式中 B 是章节层,而 A 是段层。这是很好理解的,因为存在关系表达的是一种包含的含义,这种包含关系往往是跨层次的,即不是单层之间而是上下层的关系。正如定义 5.6 中所述,章节层提取的是章节的标题及标题中的信息,"摘要"即是章节的标题,所以归属章节层。段节点重在分析段的语义功用,"陈述""关键词"属于段定义中的 type 类型,因此是段层。存在模式表达的是一种属于(不属于)的组成关系,这个例子的组成关系可以转化为"A 等同于 B 和 C",即"$A = B \wedge C$"。

例 5.4:科技文档的顺序模式:

标题→摘要→简介→问题描述→解决方案→讨论与结论→总结。

转换后的表达式为:

〈P(标题,摘要,简介,问题描述,解决方案,讨论与结论,总结)|标题→摘要→简介→问题描述→解决方案→讨论与结论→总结〉。

5.7.2 结构信任模式的分析

一旦构建好结构树并得到信任模式表达式后,就可以开始分析文档的结构信任模式了。分析过程为:首先将结构信任模式表达式以后缀形式放入队列 L 中,如果读到操作数就将它压入栈 S 中,如果读到运算符则取出由栈顶向下的 2 项,按操作符运算,再将运算的结果代替原栈顶的 2 项,压入栈 S 中。如果后缀表达式 L 未读完,则重复上面过程,最后输出栈顶的数值,并且分析结束。算法的伪代码如下:

算法 5.2: 信任结构模式的分析检测算法

输入: $M = \{N/R\}$; //结构信任模式表达式

输出: F/T; //布尔表达式

Trust_Pattern_Check( )

Step1: 扫描 R,将表达式 R 以逆波兰形式存入队列 L;

Step2: 出队列;

Step3: if 读到 node 就将它压入栈 S 中;

Step4: else 遇到运算符

    Step4.1: 从 S 中提取 2 个 node;

    Step4.2: 调用五种运算符的算法进行分析;

Step5: if 运算符算法返回的是 false, 则返回 false;

Step6: 若运算符算法返回的是节点, 则将节点压入栈 S 中, 并转 Step2;

Step7: 结束;

通常,在求逆波兰表达式时,需要知道每个运算符的优先顺序。可以根据统计运算符周围操作节点由小到大的顺序来规定运算符的优先顺序。运算符周围的操作节点越小,优先程度越高。通过统计到→运算的操作节点为章节或段,

而∧运算符的操作节点为段可以得知→运算符的优先程度比∧要低。运算符的优先级为∧∨高于→∈高于＝。下面,将详细阐述算法 5.2 中 Step4.2 提及的运算符算法。

1. →运算

→运算符用来判断节点出现的先后顺序。分析过程为:输入表达式,先判断表达式中的节点是否属于同一层,若属于同一层则通过序列号(如章的序列号为 pid,段的序列号为 cid 等)大小比较先后顺序;若不属于同一层则比较节点的层,低层节点一直向上回溯到同一层,再进行比较。若结构树中节点的先后顺序与表达式一致,则输出 True,否则输出 False。算法的伪代码如下:

算法 5.3: 运算符→算法

输入: $R(a \rightarrow b), T$;　　　　　//格式为 $a \rightarrow b$ 的表达式和结构树 T

输出: $True/False, a.id, b.id$;　//布尔表达式

Sequential_Operation( )

　　Step1: 判断 a, b 节点是否属于同一层, 即节点是否属于同一个节点集合;

　　Step2: if 不同层, 则比较 a, b 的层, 低层节点一直向上回溯到同一层;

　　Step3: if 低层回溯到的节点与另一节点重复, 则返回 false;

　　Step4: else 比较 id 号;

　　Step5: 若 $a.id > b.id$ 返回 false, 否则 返回 true;

　　Step6: 结束;

例 5.5:定义要在引言之后。

对应的表达式为$\{ P$（引言）$, C$（定义）$|$引言$\rightarrow$定义$\}$

在例 5.5 中,表达式有两个节点,分别为位于章节层的"引言"节点和位于段层的"定义"节点。首先遍历结构树定位这两个节点。定位后发现处于不同层段,这两个节点间不能够比较先后顺序。从段层的"定义"节点回溯到这个段节点之上的章节点,此时节点处于同一层。最后比较两个节点间的 pid,$p2 < p3$,即 $p2$ 节点在 $p3$ 之前,所以"引言"节点在第 3 章之前,即在"定义"节点之前。因此,此文档是符合结构信任模式"定义要在引言之后"的。如图 5.5 所示。

2. ∈运算

∈运算符用来判断节点间的包含关系。在表达式中的意义为右边节点包含左边节点。运算符的左边节点在结构树中的层次应低于右边节点层次,并且左边节点在右边节点为根的子树中,若不在则没有包含关系。分析过程为:输入表达式,先判断表达式中的节点是否属于同一层,若属于同一层则返回 False,因为

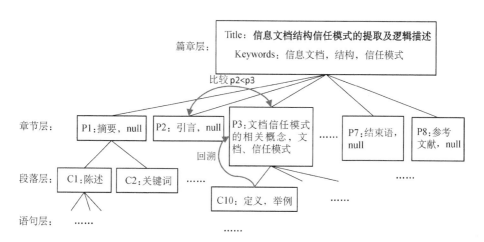

图 5.5　→运算举例

包含关系的节点不会存在于同一层,而是上下层的关系。若运算符左边的节点层次高于运算符右边的节点,则返回 False。否则,将左层节点一直向上回溯到与右节点属于同一层,再进行比较。回溯后,若二者是同一节点则返回 True,否则返回 False。算法的伪代码如下:

算法 5.4:运算符∈算法

输入: $R(a \in b)$,T;　　　　//格式为 $a \in b$ 的表达式和结构树 T

输出: $True/False, a.id, b.id$;　　//布尔表达式和节点 a 和 b 的 id 号

Include_Operation( )

　　Step1: 判断 a,b 节点是否属于同一层, 即节点是否属于同一个节点集合;

　　Step2: if 同层, 则返回 false;

　　Step3: if 节点 b 的层数低于节点 a, 则返回 false;

　　Step4: 低层节点一直向上回溯到同一层;

　　Step5: 若 $b.id = a.id$ 返回 false, 否则 返回 true;

　　Step6: 结束;

---

3. ＝运算

＝运算符用来判断左右节点是否是同一节点,与＝运算在其他表达式中表示值相等不同,此处是指两节点是同一节点而非节点的值相等。因此,只要比较两节点是否属于同一层,若不属于同一层肯定不是同一个节点,返回 False。若属于同一节点,则继续比较二者的 id 是否相同,若 id 不同则不是同一

节点,返回False,否则返回 True。判断两个节点是否是同一节点意义不大,因为很少有这样的需求需要直接比较两个节点相等。事实上,＝运算最常见的格式是左边为节点,右边是一个表达式,根据分析检测算法,表达式右边最后计算得到一个节点再进行比较。＝运算在所有运算符中优先级最低。算法伪代码如下:

算法 5.5: 运算符=算法

输入: $R(a = b), T$;　　　　　　//格式为$a = b$的表达式和结构树T

输出: $True/False, a.id, b.id$;　　//布尔表达式

Equality_Operation( )

　　Step1: 判断a, b节点是否属于同一层,即节点是否属于同一个节点集合;

　　Step2: if 不同层, 则返回 false;

　　Step3: if $a.id = b.id$, 则返回 true, 否则 返回 false;

　　Step4: 结束;

---

4. ∧运算

运算符∧的优先级最高,意思是左边节点和右边节点同时出现。∧运算与以上几种运算不同,返回的不是布尔表达式而是一个节点,这个节点是左边节点和右边节点共同的第一个父节点,即向上回溯汇合到的节点。如果两节点层次不同,低层节点回溯,一直到两节点位于同一层,然后再一起回溯,回溯到同一节点。如果层次相同则直接回溯。算法伪代码如下:

算法 5.6: 运算符∧算法

输入: $R(a∧b), T$; //格式为$a∧b$的表达式和结构树T

输出: n;　　　　　//节点

Parallel_Operation( )

　　Step1: 判断a, b节点是否属于同一层,即n是否属于同一个节点集合;

　　Step2: if 同层, 则同时向上回溯, 直到$a.id = b.id$, 即回溯到同一节点;

　　Step3: if 不同层, 低层节点一直向上回溯到同一层, 再调用 Step2;

　　Step4: 返回节点;

　　Step5: 结束;

例 5.6 表达式$\{P$（摘要）$, C$（陈述,关键词）$|$摘要＝陈述∧关键词$\}$的分析过程如图 5.6 所示。

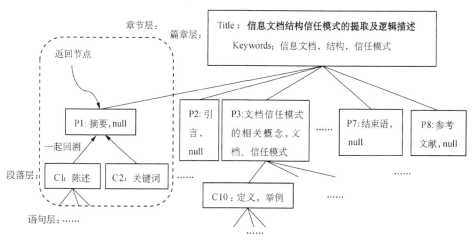

图 5.6　运算符 ∧

5.7.3　句法层信任模式的分析检测

　　句法层的信任模式有成分模式、符号模式、关联句模式。成分模式用来判断句法成分的残缺或多余。前几节已阐述建树过程,在建树过程中,将会输出成分错误、短语错误和成分词性错误等。因此,建树过程也是检测成分模式的过程,在此不再赘述。

　　符号模式和关联句模式有其固定的格式要求。在 5.5.5 节中提到了多种符号模式,这些符号模式大部分是对符号出现的位置、符号之间位置的规定。关联句模式中含有很多关联词,可以通过检测关联词之间的搭配关系来查出关联句模式中的错误。例如,"只有迅速提高科学文化水平,我们就能适应竞争激烈的社会。""只有"只能搭配"才",不能搭配"就"。检测的步骤为:先把这些模式转换为正则表达式,再用模式匹配的方法进行检测。正则表达式的模式匹配算法非常成熟,且已经广泛应用于多个文件处理系统,在此不做详细讨论。

　　句法层检测的工作过程如图 5.7 所示。

5.7.4　分析检测结果的输出

　　给过表达式检测后,只知道文档是否符合信任模式是不够的。如果能定位到出错信息,就能方便对文档进行改正。在章节和段层的结构信任模式中,找到不符合的信任模式的位置非常简单,只要将信任模式表达式中的节点在结构树中定位就可以了。相应运算符算法返回的 id 号,可以帮助定位出错位置。句法

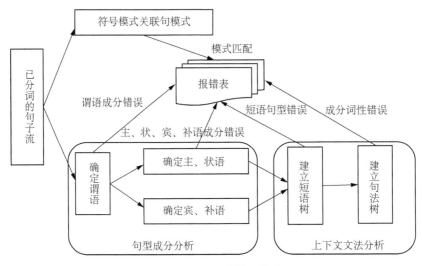

图 5.7 句法层的模式检测

层的粒度本来就小，可以查找出某个句子的语法错误，因此对错误的定位非常容易，不需要额外工作。分析检测结果输出格式形如表 5.5 所示。

表 5.5 报错表

序号	出错位置	出错内容	不符合的信任模式
1	摘要	"信任事实"	重要知识点要在之后的章节里详细讲述
2	摘要	—	摘要不能大于 1 000 字
3	第 2 章 第 4 节	"定义 10. 信任度,是指……"	新概念定义不应出现在总结部分
4	第 3 章	"信任事实的可信度计算是基于现有全文搜索引擎精确匹配搜索找到的可用结果的数据量……"	正文的字体为五号宋体,缩进 2 个字符
5	第 6 章	"信息文本信任度评估方法——文本可信度的计算"	标题中不能出现标点符号
⋮	⋮	⋮	⋮

　　报错表可以指导作者找到论文书写出错位置,方便对文档进行有针对性的修改和规范。显然,修改和规范后的科技文档的质量有明显的提高。

为了验证前面阐述方法的有效性,我们做了大量的实验。由 A、B 两组各 10 人分别对 100 篇论文在信任模式验证并修改之前和之后,进行人工可信性评估(5 分制),实验结果如表 5.6(前 10 篇)所示。

表 5.6　人工可信评估表

文章来源(论文题目)	原始评分	出错数量	修改后评分
一种基于内容信任的可信新闻搜索引擎	3.5	27	4.5
基于博弈的 P2P 网络任务执行模型	3.6	31	4.4
一种基于 Bayes 信任模型的可信动态级调度算法	4.3	10	4.8
P2P 网络中防止欺骗行为的一种信任度计算方法	4.2	12	4.7
基于信任事实的信息文本信任度评估	3.6	24	4.3
一种基于非功能属性决策的可信 Web 服务发现模型	3.2	34	4.2
基于信任素材的信息文档内容信任评估	3.6	21	4.1
基于生物多样性的分布式计算软件资源分类	3.3	37	4.0
Web 机群服务质量控制自管理模型	4.1	11	4.6
属性委托授权逻辑系统中的主观信任控制	4.3	13	4.8
⋮	⋮	⋮	⋮

由表 5.6 可知,经过进行模式验证并根据信任模式进行规范的科技文档,更能够得到读者的认可和信任。

5.8　本章小结

本章阐述了科技论文的结构格式、质量要素、评价方法。重点给出了科技论文的多种结构信任模式。为了分析文档是否符合结构信任模式,需要自动提取科技文档的结构树。这棵结构树有五层,每层代表着一个语法单元,越往上走,语法单元越大。层次由大到小为篇层、章节层、段层和句层。叶子节点是句子,句子节点是一个句法分析树。通过对章节层和句法层设计分析检测算法,可以判断科技文档书写是否规范可信,同时还能定位出错位置,以便文档修改和完善。

第 6 章
基于作者特征的科技论文可信评估

互联网可信研究中有一项是针对用户的可信度评估,包括互联网用户身份和用户行为可信度计算。这里的用户指服务使用者或者信息提供者,P2P 网络中的用户可以是信息接受者和信息提供者。实践证明,不可信身份的用户提供的服务通常是不可信的,例如恶意代码、网络仿冒、拒绝服务攻击等。在互联网中,身份不可信问题时常发生,有些事件还会对社会正常运转造成严重后果。因此,信源是影响信息可信度的最重要因素,不可信的信源将会极大地降低信息的可信度。相比低可信度的信源,从高可信度信源处接收的信息,更具有可信度和说服力。网络中科技论文是文本形式的信息,而作者是科技论文的信源。因此,对科技论文作者可信度的研究,在一定程度上可以反映信息内容即科技论文的可信度。

6.1 科技论文作者可信度概念

用户在网络中搜索科技论文时,对于返回的大量结果,通过多种因素判断取舍,尽量选择有价值的文献。在这些判断因素中,其中一种是根据科技论文作者来选择,例如作者的知名度、发表的科技论文数量以及作者的职称、学历等。综合各种根据作者特征的科技论文搜索方式,下面给出作者的可信度定义。

定义 6.1 作者可信度(Author Trustworthy):是指对作者科研水平的度量,记为 $authorTrust$,取值范围[0,1]之间,科研水平越高的作者,其可信度值越高。

当 $authorTrust$ 为 0 时,表示作者科研能力极低,相应的科技论文可信度极低。$authorTrust$ 值越大,作者科研能力越强,相应的科技论文可信度越高。

6.2 基于作者特征的评估系统框架

在作者可信度特征定义的基础上,可以讨论作者特征、作者可信、科技论文可信度之间的关系,如图 6.1 所示。

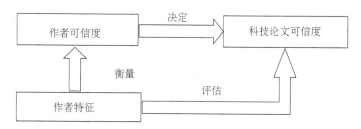

图 6.1　作者特征、作者可信度、科技论文可信度之间的关系

作者的可信度即是信源的可信度,决定着其科技论文的质量高低,即科技论文可信度,而作者的一系列特征又能一定程度上反映作者的可信度。因此,基于作者特征评估科技论文的可信度是合理的。图 6.2 是基于作者特征的科技论文评估系统组成框架。

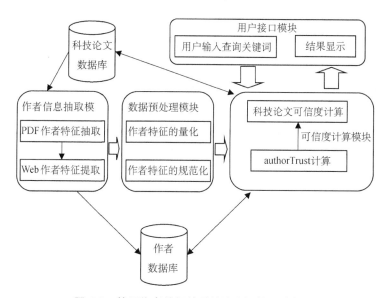

图 6.2　基于作者特征的科技论文评估系统框架

6.3　作者信息来源与获取方式

科技论文中作者信息,一般真实可靠,是获取作者信息的重要来源。另外,利用文献数据库网站的搜索工具,使用作者姓名作为关键词,可搜索得到作者的科研动态信息。因此,根据作者信息的来源不同,作者属性分为静态属性和动态属性。其中,静态属性包括姓名、机构、年龄、籍贯、学历、职务、研究方向等。通常,可利用工具软件 PDFBox,直接从 PDF 格式科技论文中获得。PDFBox 是对 PDF 文档处理功能强大、操作实现简单的 Java 类库。PDFBox 关注表 6.1 所示的三种特征,能够从 PDF 格式的科技论文中,获取较完整的作者信息。

表 6.1 PDF 格式科技论文中作者信息的三种特征

从 PDF 格式科技论文中抽取作者信息特征		
1 位置特征	2 视觉特征	3 关键词特征
(1) 作者姓名和单位在科技论文标题下方。 (2) 作者简介在 PDF 格式科技论文的第一页或者最后一页	作者信息字体大小、字体颜色是相同且固定的	(1) 作者简介信息通常以"作者简介"关键词开头。 (2) 作者基本信息通常以"("开始

不同期刊出版论文的格式有细微差别,若只根据其中一种特征进行提取,仍存在较高的错误率。同时结合位置特征、视觉特征及关键提示词,则可提高作者信息提取的效率和准确率。具体抽取流程如图 6.3 所示。

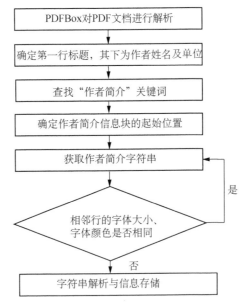

图 6.3 从 PDF 格式科技论文中获取作者静态信息的流程

动态属性包括作者发表的论文数量、文献被引总数、h-指数、合著作者数、科研年龄等。其中,科研年龄是指作者第一篇发表的科技论文到最近发表科技论文的时间差。全世界著名的引文数据库 Scopus,显示的作者信息 Web 网页画面如图 6.4 所示。

图 6.4　Scopus 网页中作者动态信息统计画面截图

对于作者动态信息的抽取,实质上是对作者搜索后,对反馈展示的 Web 页面进行解析。由于网页是通过 HTML 脚本编程实现和展示的,解析 Web 页面时,根据特定标签定位字段名关键词,并抽取相关字段信息。这方面的技术已经比较成熟,在此不再赘述。

6.4　作者可信度的评估模型

究竟选取哪些属性作为作者可信度的计算指标,这是作者可信度评价的关键。通过大量的调查研究,并且基于一般常识,参考各种常用的基于作者特征的科技论文搜索方法,可以形成以下启发式规则。

规则 6.1:所在机构排名靠前的作者,相比所在机构排名靠后的作者,可信度更高。

规则 6.2:高职称高学历的作者,相比低职称低学历的作者,可信度更高。

规则 6.3:一段时间内,科研产出越多的作者,可信度越高。

规则 6.4:发表的科技论文被引次数越多,说明作者与其科研产出的可信度越高。

规则 6.5:作者 h-指数越高,作者可信度学术成就越高,其可信度就越高。

规则 6.6:作者的合作作者数与其科研产出的学术影响力存在正相关性。

基于以上规则,可以选取的作者属性特征为机构影响度、学历程度、职务程度、文献产出率、文献平均被引数、h-指数、合著作者数等,以此作为作者可信度计算的主要指标,如图 6.5 所示。

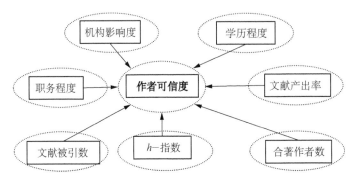

图 6.5   作者可信度评价模型

在业已获得的作者属性信息中,机构、学历、职务等属性是字符数值,不能直接用于公式计算。而文献产出率、文献被引数、科研年龄、合著作者数等是数字数值。对于 h-指数,虽然能够直接获取相关数字数值,但是取值范围相差较大(从 1 到 200 之间)。因此,需要进行数值转换和取值范围的统一化处理。

6.5   作者特征预处理

6.5.1   机构影响度量化

在 SCImago 分析平台中,基于 Scopus 数据库收录的论文情况,统计分析了全球的 3 000 多所研究所和大学科研实力排名表——2012 年"全球研究所及大学排行榜"(SIR World Report 2012 Global Ranking,以下简称 SIR 表),其中部分结果如表 6.2 所示。需要说明的是:不同研究所及大学在科研产出的"量"与"质"上始终存在差异,其中重点大学或机构的科技论文的"量"与"质",均优于一般大学或机构。因此,选择作者所在机构作为影响作者可信度的特征之一 。

表 6.2   2012 年"全球研究所及大学排行榜"部分数据

wr	学校名称	$output$	IC	Q1	Exc
2	中国科学院	146 577	21.4%	42.1%	11.7%
23	上海交通大学	37 207	15.7%	30.5%	8.6%
89	复旦大学	20 321	24.1%	44.3%	11.3%

wr	学校名称	output	IC	Q1	Exc
343	武汉科技大学	9 352	7.6%	12.6%	6.0%
961	西南大学	3 306	14.8%	30.4%	7.2%
1864	湖南科技大学	1 396	6.0%	16.1%	5.3%
2608	沈阳师范大学	807	9.5%	13.6%	5.9%
⋮	⋮	⋮	⋮	⋮	⋮

在表 6.2 中，wr 是在统计表中的排名序号；$Output$ 表示科技论文发表数量；IC 表示国际合作的文章百分比；Q1 表示高水平科技论文比，即发表在 SCImago 认为排名前 25% 的期刊的文章的百分比；Exc 是论文优秀率，即被引用数排名前 10% 的文章百分数。该表中的前三行是社会公认的重点大学，而后几行是一般大学。

利用 SIR 表，将机构信息整理为计算机数据库中的 unit_rank 表，表结构为 unit_rank(wr，un)，作为机构量化标准表。其中 wr 为机构表中排名序号，$wr \in [1，3\,290]$。当 wr 为 3 291 时，表示作者的机构属性不在表中，即将不匹配的项赋予 3 291 号排名；un 为机构名称。依据 unit_rank 表进行量化，根据 wr 值分段为合适的评分数。

$$q^u = \begin{cases} 1.0 & 1 \leqslant wr \leqslant 100 \\ 0.8 & 101 \leqslant wr \leqslant 500 \\ 0.7 & 501 \leqslant wr \leqslant 1\,000 \\ 0.5 & 1\,001 \leqslant wr \leqslant 1\,500 \\ 0.4 & 1\,501 \leqslant wr \leqslant 2\,500 \\ 0.3 & 2\,501 \leqslant wr \leqslant 3\,290 \\ 0.0 & 3\,290 \leqslant wr \end{cases} \qquad (6.1)$$

可见，根据机构所在排序级别，公式(6.1)给予了不同打分，并且将机构属性量化为 [0，1] 范围数值。

6.5.2 学历程度量化特征

知识更新理论认为，大数据时代信息呈几何级数增长，知识更新呈现加速趋势。因此，科研工作者需要不断积攒和学习相关技术知识，为科研打下基础。科研的一般过程是继承和累积以往优秀科研成果,在前人基础上开展创新研究,同样要求作者在某领域有较系统的教育与研究基础。而学历能够体现个人专业特长及受教育程度,是作者科研能力重要的衡量标准之一。

一般来说,作者学历包括本科、硕士、博士等,是文字形式,不能直接用于计算机计算,需要对其进行量化。根据作者的不同学历级别,人工判断优先级,给予不同打分。

$$q^u = \begin{cases} 1.0 & degree \in \{博士、在读博士\} \\ 0.8 & degree \in \{硕士、硕士研究生、在读研究生\} \\ 0.6 & degree \in \{本科、本科在读生\} \\ 0.4 & degree \in \{大专、在读大专生\} \\ 0.2 & degree \in \{中专、中专在读\} \\ 0.0 & 其他 \end{cases} \quad (6.2)$$

在具体应用时,可将常见学历统计成计算机数据库表 degree_rank(dr , dn , ds),如表 6.3 所示。

表 6.3 数据库中学历表形式

dr	dn	ds
1	大专	0.4
2	本科	0.6
3	硕士	0.8
4	博士	1.0

在表 6.3 中, dr 是学历的排序,根据学历获得的难易排序; dn 学历名称; ds 学历得分。将作者学历 degree 和数据库表 degree_rank 进行查找匹配,若匹配成功,获取相应得分;否则,赋予 0 分。

6.5.3 职务程度特征量化

职务能够一定程度反映作者在社会上的声誉及影响。职称的评审过程通常有严格的规定与要求,例如某学校的职称晋升综合考评结果计分是由教学、科研、基础条件、思想表现及社会贡献等多部分组成,满分为 130 分。晋升不同的职级,各部分的组成比例是有差异的。晋升教授需要的分数分别为 55、45、15、15 分;晋升副教授各项分别要求 60、40、15、15 分。由于评审制度的严格,可以认为职称的高低是对高校教师教学科研能力综合评价的重要体现。下面公式是根据职位级别给予不同打分。

$$q^u = \begin{cases} 1.0 & position \in \{博士生导师\} \\ 0.8 & position \in \{教授\} \\ 0.6 & position \in \{硕士导师、研究生导师\} \\ 0.4 & position \in \{副教授\} \\ 0.2 & position \in \{讲师\} \\ 0.0 & 其他 \end{cases} \quad (6.3)$$

6.5.4 文献产出率计算

一般来说，作者发表的科技论文越多，说明作者的科研成果数量越多。但是，此特征和作者的科研年龄有直接关系。例如，从事科研工作 30 年发表了 10 篇科技论文和从事科研工作仅 10 年也已经发表 10 篇科技论文，二者产出率不相同。因此，采用作者文献产出率作为衡量作者科研产出效率更加合理，计算公式如下：

$$q^{pc} = \frac{pc}{t} \quad (6.4)$$

其中，t 为作者的科研年龄，pc 为作者科研成果数量，即发表的文献数。

为了便于数据处理，对公式(6.4)进行规范化，使之取值范围在[0, 1]，得到如下公式：

$$q^{pc} = \frac{q^{pc}}{\max(q^{pc})}$$

6.5.5 文献平均被引数计算

诚然，发表的科技论文被引数目越多，说明其质量越高。文献被引数量与其影响力呈正相关关系，被引量越大说明文章的学术影响力越大。《期刊引用报告》JCR 就是通过期刊的引文数据来进行评价的。为了从整体上说明作者研究成果的水平，采用"平均被引次数"作为作者可信度计算特征，计算公式如下：

$$q^{pr} = \frac{pr}{pc} \quad (6.5)$$

其中,pr 为作者文献被引总数。同样对上面公式进行规范化处理,得到如下公式:

$$q^{pr} = \frac{q^{pr}}{\max(q^{pr})}$$

6.5.6 作者 h-指数计算

h-指数是一个科研人员作为独立个体,其研究成果的混合量化指标。具体来说,是指一个科研人员至少有 h 篇论文被引用了至少 h 次。作者 i 的 h-指数 q_i^h 计算过程可用伪代码描述如下:

算法 6.1:计算 h-指数算法

输入:作者 i 发表的科技论文 $p1, p2, \ldots, pn$ 的被引数 $ref_1, ref_2, \ldots, ref_n$;

输出:作者 i 的 h-指数 q_i^h;

geth_Index( )

```
{    sort(ref₁, ref₂, ..., refₙ);  //降序排序
     for i = 1; n; i + +
         if i >= refᵢ
             h = i - 1;
     return h;
}
```

---

h-指数最低取值为 0。神经生物学家施奈德(Solomon H. Snyder)的 h-指数非常高,达 191。一般来说,h-指数达到 20 就可以称之为成功的科学家;达到 40。则称之为杰出的科学家。为了防止 h-指数取值不统一,进行规范化处理,得到如下公式:

$$q^h = \frac{q^h}{\max(q^h)} \tag{6.6}$$

6.5.7 合著作者数计算

Beaver 和 Rosen 在《科学计量学》上载文指出,科学家们持合作态度,一般能导致科研成果真实,且能提高科学家活动的范围和名望。也就是说,科研合作的程度和范围与科研产出及科研水平存在"量"与"质"的等比关系。大量调查研究表明:合著作者数科研产出的学术影响力之间存在一定的正相关性。

因此,可以将合著作者数作为信任度的评价指标之一,计算公式如下:

$$q^a = \frac{ca}{pc} \qquad (6.7)$$

其中,ca 表示作者发表的所有科技论文中合著的作者数。为了使公式(6.7)的取值范围统一,进行规范化处理,得到如下公式:

$$q^a = \frac{q^a}{\max\,(q^a)}$$

6.5.8 作者可信度的计算

基于规则 6.1 到规则 6.6,采用公式(6.1)至公式(6.7),对作者的单位、学历、职务、发表的论文数等特征进行预处理,最后进行作者可信度计算,公式如下:

$$authorTrust_i = \frac{a_1 \cdot q_i^u + a_2 \cdot q_i^d + a_3 \cdot q_i^p + a_4 \cdot q_i^{pc} + a_5 \cdot q_5^{pr} + a_6 \cdot q_6^h + a_7 \cdot q_7^{ac}}{7}$$

$$(6.8)$$

其中,$a_1 \sim a_7$ 是特征影响权重,且满足 $a_1 + \cdots + a_7 = 1$。在实际应用中,可以根据不同的需要设置不同的权重参数值,重要的因素可以分配相对高权值。根据经验,通常设置权值为:a_1、a_3、a_7 为 0.1,a_2、a_4、a_5、a_6 为 0.2。

但是,上述这样简单地对特征值加权,可能仍然不能准确地计算作者的可信度,例如作者 A 的特征值规范化后,表示为 $A(0.1, 0.2, 0.2, 0.1, 0.5, 0.2, 0.3)$,计算出 $authTrustA$ 为 0.074。作者 B 表示为 $(0.5, 0.3, 0.3, 0.4, 0.1, 0.8, 0.2)$,计算出 $authTrustB$ 为 0.056,可以看出 $authTrustA$ 大于 $authTrustB$。但是分析 A 和 B 的数据:A 少量文章被引次数很多,导致科技论文评价被引数高,$authTrustA$ 值偏高。而 B 各特征值值都很稳定且偏高。在现实中,我们往往会认为 B 作者更加可信。

为解决上述问题,可以利用方差来衡量特征之间的波动和稳定性,通过特征之间偏离程度进行作者的可信度修正。作者 i 的方差计算公式为 $D(Author_i) = E(q_i^2) - (E(q_i))^2$,其中 q_i 为作者的各个特征值,E 是作者特征值的均值。方差体现一个作者的不同特征的波动幅度,值越大表示他的每个特征间越不稳定,那么最可信的应该是方差最小的、可信值最大的作者。

6.6 基于作者特征的科技论文可信评估方法

6.6.1 基于作者特征的科技论文可信评估的直觉思想

作者是科技论文信息的信源,相比低可信度的信源,从高可信度信源处接收的信息更具有可信度和说服力。基于上述规则,高可信度作者的科技论文的可信度同样较高,低可信度作者的科技论文质量相对较低。

6.6.2 科技论文可信度计算方法

上节给出了科技论文单个作者的可信度计算方法,而大多数科技论文都是合作研究成果,通常标注多个作者。当前的期刊规定,按工作的重要程度及内容的多少来对作者排序。第一作者是论文署名中排列在首位的作者,是论文的主要观点和主要见解的拥有者。因此,基于作者特征的科技论文可信度计算方法为

$$PaperRank = \begin{cases} \dfrac{authorTrust'_1}{2} + \dfrac{authorTrust'_2 + \cdots + authorTrust'_n}{2(n-1)} & n \geqslant 2 \\ authorTrust'_1 & n = 1 \end{cases}$$

(6.9)

其中, $PaperRank$ 表示科技论文可信度值; $authorRank'_i$ 是第 i 个作者修正后的可信度值; n 为科技论文作者数。计算时,偏向第一作者的可信度值影响,并不是绝对的平均值。

科技论文的方差取各作者的方差平均值,是一篇科技论文中每个作者特征指标之间的差值,计算公式为

$$D(paper) = \begin{cases} \dfrac{D(Au_1) + \cdots + D(Au_n)}{n} & n > 1 \\ D(Au_1) & n = 1 \end{cases}$$

(6.10)

接下来,合理选取阈值 σ,利用 $D(paper)$ 值对 PaperRank 排序结果进行修正。假设 $paper_i$ 排名次序在 $paper_j$ 前面,但当 $D(paper_i) - D(paper_j) > \sigma$,则交换 $paper_i$, $paper_j$ 的排名次序,使得 $paper_j$ 在 $paper_i$ 前面。如此反复,直到排序结果稳定。最后,返回给作者修正后的稳定结果列表。

6.6.3　基于作者特征的科技论文可信评估算法

经过前面的分析,可以分别计算作者可信度 $authorRank$ 、作者可信度方差 DX ,则可设计基于作者特征的科技论文可信排序算法,伪代码如下:

算法 6.2：基于作者特征的科技论文可信评估算法

输入: 科技论文 PDF;

输出: 科技论文可信排序集 paperRankList;

Author_Trust_Degree ()

```
{    //从输入 PDF 中提取科技论文作者基本信息
     AuthorList(na, u, ag, np, d, p) ←getAllAuthors(PDF);
     for ∀Author ∈ AuthorList do
     //调用 Scopus 搜索接口得到作者动态信息, 形成完整信息记录
     {    AuthorList'(na, u, ag, np, d, p, pc, pr, h, ca, sa) ←searchInScopus(Author);
          for ∀Author ∈ AuthorList' do        //对作者参数进行量化和规范化处理
          {    qᵤ ←getUnitRanking( Author.u);
               q_d ←getDegreeRanking( Author.d);
               q_p ←getPositionRanking( Author.p);
               q_pc←getProductivity (Author.pc , Author.sa);
               q_pr←getReferenceNumber (Author.pc , Author.pr);
               q_h ←getH-index (Author.h);
               q_a ←getCorporationAuthorDegree (Author.ca);
               // 利用各个特征值, 计算作者可信度
               authorTrust←calculateAuthorTD(qᵤ, q_d, q_p, q_pc, q_pr, q_h, q_a);
               DX←calculateAuthorDX(qᵤ, q_d, q_p, q_pc, q_pr, q_h, q_a);
               //根据作者特征方差, 修正作者可信度, 保存至作者列表中
               authorTrustList ←reviseTrust(authorTrust, DX);
               //根据修正后的作者可信度, 计算相应科技论文的可信度
               paperRankList ← paperTrust( authorTrustList);
               //使用科技论文方差对科技论文排序结果进行修正
               paperDList← paperD( authorTrustList);
          }
     }
     paperRankList' ←sort(paperRankList, paperDList);
     return   paperRankList';
}
```

6.7 实验结果与分析

目前,国际上通行的期刊评价指标是影响因子 IF,它是相对统计值,可克服大小期刊由于载文量不同所带来的偏差。由于每种期刊都有相对固定的质量审查标准,所刊发的稿件质量一般较为稳定,因此以 IF 作为期刊整体质量水平的标尺是合理的。本实验中,根据复合 IF 将期刊分成 A、B、C 三个等级。例如根据《知网》复合 IF 将期刊分成三个等级:复合 IF 属于[1.5,+∞)为一级期刊;复合 IF 属于[1,1.5)为二级期刊;复合 IF 属于(0,1)为三级期刊。每个等级选取 4~5 类期刊,每种期刊随机选取 2~3 篇科技论文。首先,使用 Scopus 检索工具搜集作者信息,对于未能检索到信息的作者,采用《知网》数据库进行人工统计相关信息。对收集的作者信息进行人工分析与对比,实验结果如表 6.4 所示。

表 6.4 论文复合 IF 以及 *PaperRank* 统计表

期刊级别	期刊编号	复合 IF	论文序号	*PaperRank* 值
一级	A	2.871	1	0.120
			2	0.146
			3	0.152
	B	2.761	4	0.112
			5	0.109
			6	0.105
	C	2.396	7	0.119
			8	0.089
	D	1.593	9	0.126
			10	0.118
二级	E	1.482	1	0.112
			2	0.056
			3	0.077
	F	1.122	4	0.052
	G	1.098	5	0.083
			6	0.069

续 表

期刊级别	期刊编号	复合 IF	论文序号	$PaperRank$ 值
二级	H	1.085	7	0.047
			8	0.034
	I	1.036	9	0.048
			10	0.042
三级	J	0.814	1	0.035
			2	0.120
	K	0.806	3	0.013
			4	0.029
	L	0.770	5	0.031
	M	0.702	6	0.022
	N	0.540	7	0.012
	O	0.480	8	0.031
	P	0.397	9	0.015
	Q	0.141	10	0.003

从表 6.4 可知，$PaperRank$ 基本符合复合 IF 的变化趋势，说明 $PaperRank$ 是一种公平合理的判断方法。而 IF 排名靠后的期刊中的文献，$PaperRank$ 值偏小，同时变化幅度也较大，这说明给出的方法对此等级期刊能起到很好的鉴别作用。但是不难发现，表中存在若干项，IF 值较大反而 $PaperRank$ 值较小，或者 IF 值较小反而 $PaperRank$ 值较大的情形。其原因是实验中采用两种数据库相互补充，难免存在统计误差。另外，实验对象中有博士、硕士毕业论文，相比一般的期刊论文，论文被引数占优势，导致结果偏大。

6.8 本章小结

本章旨在将作者身份信任模式引入科技论文可信评估研究中。学术水平和科研能力强的作者，其科技论文可信度也相应较高。基于此，提出了科技论文作者可信度的概念，并且给出了作者学术影响力的指标。通过对影响力指标的量化和规范化,利用综合计算公式,计算出作者可信度值。最后,综合科技论文所有作者可信度特征指标,对科技论文进行评分并且排序,返回作者可信度高的结果。通过实验分析可知,给出的方法有一定效果,但仍然存在不足,例如作者评价指标的确定、作者信息的收集、属性的量化等。

第 7 章
基于标题与正文内容匹配的
科技论文可信质量评估

7.1 引言

目前,科技论文质量评估方法基本是借鉴引文分析原理,其中 Eugene Garfield 博士提出的影响因子 IF 通过引用情况计算期刊的影响度,逐渐发展为应用最广泛的期刊质量评价方法。但是,IF 也存在不足,例如有一定程度的统计错误、不易进行跨学科比较、无法排除期刊自引的影响等问题。针对其不足,Bergstrom 提出了特征因子(Eigenfactor)期刊引文评价指标,相比 IF 更重视高质量论文的引用,但对影响力较小的期刊群来说,特征因子分值很低会产生区分度不大的问题。同时,计算数据封闭性比较强,计算准确性目前仍难以检验。为了扩大低影响力期刊的区分度,周静等在基于传统的论文检索评价指标基础上,考虑了时间衰减作用,提出了一种增强的论文等级综合评价公式,但是该方法同样局限于采用科技论文引用情况来判断相应期刊的影响力。王向阳等基于 PageRank 思想,除了考虑被引次数之外,综合考虑了文献发表机构、作者权威性以及发表时间等,对科技论文进行了综合质量评价,突破了"以刊论文"的传统评价理念。但是,该方法同样没有考虑科技论文内容部分。

另外,基于文献被引率的评价方法与评价指标,忽略了引文网络中普遍存在的恶意自引、伪引及评价结果随时间的动态性。因此,在此基础上提出的评价指标来评价期刊的质量和所刊论文的学术水平显然是不公正与片面的。可见,基于"以文论值"为主的思想,从科技论文内容与结构的角度进行质量与可信评估,所得到的评价结果才是客观和公平的。

众所周知,论文标题往往是论文内容纲领性的提炼。由此,可以认为论文标题是论文结构与作者中心思想的体现,其与正文内容的切合程度,也在一定程度上反映了内容是否是作者思路的正确表达。检测论文标题与正文一致性,是帮助读者认知科技论文是否可信的一种直接和有效方法。因此,通过分析标题与正文的关联度,来判断整篇科技论文的可信度是合理可行的。

7.2 科技论文标题与正文

7.2.1 科技论文标题与正文概念

为了方便描述,首先给出标题与正文的定义。

定义 7.1 标题(Title, T):是指一个简短语句,它是对科技论文段落内容的简练与准确概括。一般位于论文段落的最前面,常书写成"标题号 标题"的形式。

科技论文将标题划分不同层次,以便概述不同层次的内容,突出论文的逻辑层次。为了研究方便,不妨假设论文标题最多为 3 层。0 级标题(Main Title, MT):有且仅有一个,即为论文题目,在整篇论文的最前面,概括该论文整体内容,反映论文的核心思想。一级标题(First Title, FT):亦称为节标题,例如"1 引言""2 信息文档的信任模式提取"。二级标题(Second Title, ST):标题号由"数字.数字"组成。其中,"."前数字显示标题所在节号,表明其所属 FT;"."之后的数字表明所在节下的小节号。如"2.1 信息文档的结构",是 FT 为"2"下的第二小节内容的标题。因此,整个论文的组织结构可以用树结构表示,如图 7.1所示。

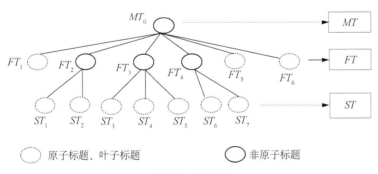

图 7.1 标题树

定义 7.2　原子标题(Atom Title，AT)：论文标题树中的叶子标题是最小标题,称之为原子标题。

原子标题直接概括位于它之下的若干段落的内容。例如,"1 引言""2.1 科技论文格式组成""2.2.1 标题特征提取"均是原子标题。在科技论文中,无论哪级标题,都希望紧扣所属层次的段落内容。

定义 7.3　正文(Text，Te)：除去标题后,论文剩下的部分即为正文,是由若干段落组成的文本,位于标题后,也即是标题所概括的内容对象。

定义 7.4　原子正文(Atom Text，ATe)：在科技论文中,原子标题关联和所概括的论文正文部分为原子正文。它还可能是其他非原子标题正文的组成部分。

通过大量研究发现,父标题与其子标题之间的段落内容,对父标题信息的阐述贡献极少。因此,忽略此部分内容,即假设:父标题正文是其各子标题正文的总和。基于此假设,在标题树中存在关系:任何一颗子树中的叶子标题的原子正文合为子树根标题的正文。例如图 7.1 中,标题 FT_2 与标题 ST_1、ST_2 是父子关系,FT_2 所概括的节内容是 ST_1 和 ST_2 的正文内容合并。

7.2.2　标题与正文的计算机表示

标题文字串与正文内容都是自然语言的文本数据,不便于计算机直接处理,需要对文本进行数学形式化的表示。其中,向量空间模型(Vector Space Model，VSM)是最常用的文本数学化表示手段,它将文本表示为词条向量 $\left[(t_1，w_1)，(t_2，w_2)，\cdots，(t_n，w_n)\right]$ 的形式,其中, t_i 为第 i 个特征项, w_i 为第 i 个特征项的权重。

1. 标题的特征提取

标题一般简洁精短,若直接采用分词操作,将影响特征词的抽取效果。另外,在标题中常使用一些不属于关键的词或字,且该词或字前后一般为方法名、对象等特征词。可以总结标题中出现频率较高的常用词(StopList):"中""方面""应用""研究""的""在""与"等,从标题中剔除这些常用词,剩下的词作为特征向量 $T\left[(t_1，w_1)，(t_2，w_2)，(t_3，w_3)\right]$ 的特征项。

然而,标题中鲜有重复词,若仅考虑词频计算权重,则无法体现不同词的重要程度。名词的文本表达能力更强,能表达更多的信息内容,其次是动名词。因此,根据词性赋予词权重:名词赋予更高的权值 1,其次是动名词为 0.5,其他词性赋予 0.2。最后对标题所有特征词的权值,利用公式(7.1)进行归一化处理：

$$w_i = \frac{Weight(t_i)}{\sum Weight(t_i)} \tag{7.1}$$

2. 正文的特征提取

原子正文特征词的提取采用词频统计的方法。首先,利用层叠隐马模型的词法分析系统(Institute of Computing Technology, Chinese Lexical Analysis System, ICTCLAS)进行分词与词性标注。然后,根据词性过滤掉虚词、停用词、标点符号等,留下名词和形容词这些有具体意义的实词。最后,利用公式(7.2)计算词的综合权重 w_i,取 w_i 大于阈值 λ 的词 t_i 成为特征词。将特征词 t_i 及其权重 w_i 作为原子正文向量 $[(t_1, w_1), (t_2, w_2), (t_3, w_3), \cdots]$ 的元素。同时,按正文 Te 在文中出现的位置顺序,一篇科技论文可表示为原子正文的集合:$Stext = \{Te_1, Te_2, \cdots, Te_n\}$。并且,特征词 t_i 的权重 w_i 具体计算如下:

$$Weight(t_i) = tf_i \times pos_i \times span_i \tag{7.2}$$

其中,$Weight(t_i)$ 为特征词 t_i 的权重,tf_i 为词频因子,pos_i 为词性因子,$span_i$ 为词跨因子。词频因子 tf_i 的计算采用非线性函数:$tf_i = \frac{fre_i}{fre_i + 1}$,其中,$fre_i$ 为词 t_i 在文本中出现的频率。tf_i 的计算方法使得权重随着 t_i 频数增加而逐渐上升,但是上升的速度又不是很快。词性因子 pos_i 是对词性的量化,可以将名词和动名词的词性因子 pos_i 设为 0.8,动词词性因子设为 0.6,其他词性设为 0.4。词跨因子计算方法为:$span_i = \frac{las_i - fir_i + 1}{sum}$,其中,$las_i$ 为分词后特征词 t_i 最后一次出现的顺序序号,fir_i 为特征词 t_i 首次出现的序号,sum 为文本分词且除去停用词后的初始词条数。为了便于后续计算,同样利用公式(7.1)对权重进行归一化处理。

7.3 原子标题与原子正文的匹配分析

7.3.1 一致匹配思想

所谓原子标题和原子正文匹配,即是判断原子正文对原子标题解释和阐述的完整程度,原子标题对原子正文概括的精准程度。若从语义理解角度来判断原子标题与原子正文的相关度,不但需要精确的自然语言理解技术,还需要完备可靠的知识库对文本事实的真实性进行鉴别,就目前的技术而言,尚难较好实现。然而,为了进行原子标题与原子正文的相关度判断,用文本特征项来代替自然语言语义理解进行一致性判断,将原子标题与原子正文分别进行特征词提取,若原子标题的特征词与原子正文的特征词大多数相同或相似度较高,则认为标题与正文一致匹配度较高,即标题可信度较高。

7.3.2　原子标题与原子正文的匹配

定义 7.5　两词相似匹配度:给定集合 V 中两个词 t_i 和 t_j,词的匹配度是指这两个词在语义上是否相近,通常记为 $WordMatch(t_i, t_j)$。简单地说,匹配度是值域为 $[0, 1]$ 函数。用 $Sim(t_i, t_j)$ 表示 t_i 和 t_j 的相似程度,则匹配度的计算等同相似度值,$WordMatch(t_i, t_j) = Sim(t_i, t_j)$。

两词相似度 $Sim(t_1, t_2)$ 计算方法的主要思想是:在知网中,一词多义表现为单个词语有多个概念,而概念又是通过义原来描述定义的。义原是汉语中最基本的意义表示单位。由此可以给出义原 p_1,p_2 相似度计算公式:

$$sim(p_1, p_2) = \frac{\alpha}{\alpha + distance(p_1, p_2)} \tag{7.3}$$

其中,$distance(p_1, p_2)$ 为 p_1,p_2 之间的距离,α 为调节参数,可以取为 1。假定两个概念的义原集合为 $S_1 = \{p_{11}, p_{12}, \cdots, p_{1n}\}$,$S_2 = \{p_{21}, p_{22}, \cdots, p_{2m}\}$,得出概念相似度计算公式,如下:

$$sim(S_1, S_2) = \frac{\sum\limits_{j=1}^{n} \sum\limits_{i=1}^{m} sim(p_{1j}, p_{2i})}{m * n} \tag{7.4}$$

词语语义相似度是概念相似度的最大值。若描述词的概念集合为:$t_i = \{s_{i\_1}, s_{i\_2}, \cdots, s_{i\_u}\}$,$t_j = \{s_{j\_1}, s_{j\_2}, \cdots, s_{j\_u}\}$,则结合公式(7.3)、公式(7.4),计算词匹配度的公式如下:

$$WordMatch(t_i, t_j) = sim(t_i, t_j) = \max \sum_{x=1, 2, \cdots, u; y=1, 2, \cdots, u} sim(s_{i\_x}, s_{j\_y}) \tag{7.5}$$

利用公式(7.5),设定相似度阈值 σ,当 $WordMatch(t_i, t_j) > \sigma$,则认为 t_i

与 t_j 是匹配成功的词对;反之,匹配失败。在词相似匹配基础上,进行标题向量与正文向量的特征词匹配。考虑到标题中出现同义词的概率较小,而正文情况则相反。因此,允许标题的一个特征项与正文多个特征项匹配,以便消去正文中同义词对词重要程度的分散作用。

定义 7.6 **词向量匹配度**:假设两个向量 $V[(v_1, wv_1), (v_2, wv_2), \cdots, (v_n, wv_n)]$ 和 $U[(u_1, wu_1), (u_2, wu_2), \cdots, (u_m, wu_m)]$,$wv_i$、$wu_j$ 分别为特征词 v_i、u_j 的归一化权重,则 V、U 之间的匹配度 $VectorMatch(V, U)$ 是指 V 中 v_i 与 U 中每个元素 u_j 进行词相似匹配度,所有匹配成功的词对总和,即:

$$VectorMatch(V, U) = \sum_{i=1}^{n} \sum_{j=1}^{m} \frac{WordMatch(V.v_i, U.u_j) \times (wv_i + wu_j)}{|wv_i - wu_j| + 1}$$

(7.6)

在公式(7.6)中,$WordMatch(V.v_i, U.u_j) > \sigma$,同时考虑到越重要的词匹配成功,对向量的匹配贡献越大。两个词概念越相似,它们在文本中的重要程度就越相近,$|wv_i - wu_j|$ 差值越小,即 $|wv_i - wu_j|$ 差值与词匹配度成反比。使用公式(7.6)时,不需要对向量长度过度在意,即使两个向量的长度不一致也没有关系,因为词向量匹配过程实质是将特征词向量看作特征词集合,通过依次取一个向量中的每个词与第二个向量中的所有词进行相似匹配的过程。

因此,原子标题 AT 与原子正文 AT_e 的匹配过程可描述为:对于 AT 中每一个元素 (t_i, w_i),从头遍历 AT_e 中的各元素 (t'_j, w'_i),若 $WordMatch(t_i, t'_j) > \sigma$,且 t'_j 未曾被匹配,则标记 t'_j 为已匹配词,且记录匹配对 $[(t_i, w_i), (t'_j, w'_i)]$。最后,根据所有记录的匹配对,按照公式(7.6)计算 $VectorMatch(AT, AT_e)$。

7.3.3 原子标题可信度计算

定义 7.7 **原子标题可信度**:是指原子标题 AT 与原子正文 AT_e 相关程度的量化表示,记为 $TitleTrust()$,为 $[0, 1]$ 之间的实数。若为 0,表示标题与正文内容相互偏离,毫不相关。若为 1,表示标题全面概括了内容,完全可信。

在上一节讨论中,$VectorMatch(AT, AT_e)$ 亦是标题与正文的相关程度的量化,因此基于 $VectorMatch(AT, AT_e)$,可以设计标题可信度 $TitleTrust(AT)$ 的计算公式如下:

$$TitleTrust(AT) = TitleMatchText(AT, AT_e) = 1 - e^{-VectorMatch(AT, AT_e)}$$ (7.7)

在公式(7.7)中，$TitleMatchText(AT, AT_e)$ 表示原子标题 AT 的匹配对象为原子正文 AT_e。当 $VectorMatch(T, T_e)$ 在靠近 0 的数值增大时，$TitleTrust(T)$ 随之增长的速度较快。$VectorMatch(AT, AT_e)$ 增大到某个范围时，$TitleTrust(AT)$ 增长缓慢，且无限接近为 1。

7.4 科技论文可信质量评估方法

7.4.1 科技论文可信判断的直觉思想

科技论文标题与正文存在关系，标题概括正文内容，内容围绕标题展开。同时，标题又是读者接触论文内容的直接桥梁。一方面，若论文主标题符合用户检索条件，则被系统推荐给用户；另一方面，论文分级标题是论文逻辑结构的体现，也是读者快速获取论文信息的途径。因此，一篇论文标题的可信度，即标题和正文内容的匹配程度，一定程度上决定了科技论文内容可信质量程度，决定了读者是否值得继续去阅读论文内容。

基于上述思想，使用 7.3 节方法，计算出所有标题的可信度，继而评估科技论文的整体可信度，根据此值可以指导读者快速获取高质量论文。

7.4.2 科技论文标题可信度计算

在计算论文某一个标题可信度时，必须明确该标题要匹配的所有原子正文。对于图 7.1 的标题树，用虚箭头标出原子标题(图中虚线圈表示)，即形成图 7.2 的标题—原子正文树。

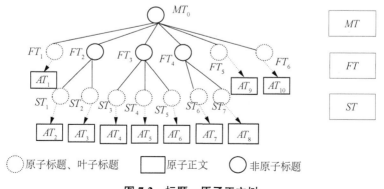

图 7.2 标题—原子正文树

由图 7.2 可知,若标题 T 存在子级标题,其所有子级标题中的原子标题对应的原子正文为集合 $Text_T = \{AT_i, AT_{i+1}, \cdots, AT_{i+j}\}$,集合 $Text_T$ 中各元素按一定的顺序组成的文本即为 T 的正文。那么,该标题与其正文的匹配,实质是标题 T 分别匹配集合 $Text_T$ 中每个原子正文的过程。另外,非原子标题与原子正文的匹配等同原子标题与原子正文的匹配过程,计算公式如下:

$$TitleMatchText(T, \{AT_i, AT_{i+1}, \cdots, AT_{i+j}\}) = $$
$$TitleMatchText(T, AT_i) + TitleMatchText(T, \quad\quad (7.7)$$
$$AT_{i+1}) + \cdots + TitleMatchText(T, AT_{i+j})$$

例如,在图 7.2 中,FT_2 的正文为 $\{AT_2, AT_3\}$。因此,计算 FT_2 的可信度计算公式如下:

$$TitleTrust(FT_2) = TitleMatchText(FT_2, \{AT_2, AT_3\})$$
$$= TitleMatchText(FT_2, AT_2) \quad\quad (7.8)$$
$$+ TitleMatchText(FT_2, AT_3)$$

同时,根据标题树形结构,对一篇科技论文的若干标题采用广义表存储结构,称之为标题广义表(Title Generalized List,TGL),表示为 $TGL = (MT_0, FT_1, FT_2, \cdots, FT_n)$。若 FT_i 为叶子标题(原子标题),FT_i 存储的是标题特征向量。若 FT_i 为非叶子标题,则 FT_i 为子表,表示为 $(FT_i, ST_j, ST_{j+1}, \cdots, ST_{j+k})$。表头 MT_0 是表尾子表 $(FT_2, FT_3, \cdots, FT_n)$ 的父标题,亦是标题树的根结点。图 7.2 所示的标题广义表存储方式为 $TGL = (MT_0, FT_1, (FT_2, ST_1, ST_2), (FT_3, ST_3, ST_4, ST_5), (Ft_4, ST_6, ST_7), FT_5, FT_6)$,通过分析标题正文树结构可以发现,原子正文的匹配对象是根到叶子路径上的所有节点。例如,在图 7.2 中,根 MT_0 到叶子 ST_1 途径节点 MT_0、FT_2 和 ST_1,计算它们可信度都需要跟原子正文 AT_2 进行匹配。在此思路基础上,可以设计基于标题树的论文标题可信度计算方法:首先利用栈记录根到叶子节点路径上的所有节点,对标题树进行深度遍历,遍历到的节点入栈。若为叶子节点,则返回其对应的原子正文,并将栈中元素都与此原子正文匹配,结果作为各自可信度值的一部分。若为非叶子节点,则递归遍历此节点的孩子节点。若遍历完所有孩子节点,则该节点的可信度计算完成,该节点出栈。递归结束时,即得到所有节点的可信度值。该算法的伪代码描述如下:

算法 7.1：标题可信度计算

输入：　科技论文标题$TGL_0() = (MT_0, FT_1, FT_2, ..., FT_n)$，原子正文集合 $S_{text} =$
　　　　$\{AT_1, AT_2, ..., AT_m\}$；

输出：标题的可信度 titleTrustDegree$[n]$；

TitleTrustDegree (TGL_0, S_{text}) //树的深度遍历，计算每个标题可信度

{　　leafCount←0;　　//记录遍历到的叶子序数，初值为 0，

　　seqStack　s;　　//栈存储根到叶子路径上的所有节点

　　titleTrustDegree$[n]$←0;　　//记录所有标题可信度值，初值均为 0

　　T_{root}←getGLHead(TGl);　　//取广义表头即树或子树的根节点

　　TailGL←getGLTail(TGl);　　//取广义表尾为根节点的子节点

　　$s \leftarrow root$;　　　　　　　//根节点入栈

　　if (isEmpty$(TailGl)$)　　//为叶子节点

　　{ index←leafCount ++;

　　　for (　k　in　s　) do　　//遍历栈中所有节点

　　　　　titleTrustDegree $[k]$ ←getATitleTrust(T_k, ATe_{index});　//利用公式(7.7)

　　} else for $(T_i$　in　$TailGl)$ do

　　{　titleTrustDegree= TitleTrustDegree (T_i, S_{text});

　　　　pop$(s, root)$;　　　　　//子节点遍历完，则根结点退出栈

　　}

　　return titleTrustDegree;

}

在算法 7.1 中，标题树从左至右进行深度遍历，访问原子标题节点的顺序与原子正文在论文前后顺序是一致的。例如图 7.2 中，FT_1，ST_1，ST_2，ST_3，ST_4，ST_5，ST_6，ST_7，FT_5，FT_6 是原子标题的访问顺序，与原子正文 AT_1，AT_2，AT_3，AT_4，AT_5，AT_6，AT_7，AT_8，AT_9，AT_{10} 一一对应。

7.4.3　科技论文可信质量评估算法

定义 7.8　科技论文可信度：是指通过标题信任度计算出的位于$[0,1]$间的一个数值，记为 $PaperTrustDegree$，是对科技论文可信程度的量化表达。若为 0，表示论文所有标题与相应正文均不相关，是不可信的；若为 1，表示论文达到了标题与正文内容的一致性要求，可信度最高。

科技论文的不同标题在文中充当着不同的角色，各有其作用。同时，对

论文质量的贡献度、影响度也是不同的。因此，可以结合读者查找、阅读文献的习惯和规律，对不同标题赋予不同的权重。利用 7.3 节计算而得的每个标题 T_i 信任度 $titleTrustDegree_i$，可以给出一篇论文 Paper 信任度计算公式，如下：

$$PaperTrustDegree = \frac{\sum_{i=0}^{n} w_i * titleTrustDegree_i}{n} \tag{7.9}$$

在公式（7.9）中，$w_i (i=1, 2, \cdots, n)$ 表示标题 T_i 对 Paper 的可信度影响权值。不妨取 $w_0 = 0.7$，$w_1 : w_2 : w_3 : \cdots : w_n = 1 : 2 : 2 : \cdots : 1$，且 $w_1 + w_2 + \cdots + w_n = 0.3$。 然而，单凭 $PaperTrustDegree$ 数值，读者很难对文献的质量高低有直观认识。因此，可以在多次试验基础上，根据 $PaperTrustDegree$ 值大小划分可信等级。$PaperTrustDegree$ 值在 [0.5，1] 区间的论文认为是高质量论文，值在 [0.3，0.5) 区间为中等水平论文，值在 [0，0.3) 区间属于低质量论文，具体算法的伪代码如下：

算法 7.2：论文可信等级划分算法

输入：科技论文标题 $TGL_0() = (MT_0, FT_1, FT_2, ..., FT_n)$， 原子正文集合 $S_{text} = \{AT_1, AT_2, ..., AT_m\}$;

输出：科技论文可信度范围 $Grade$；

PaperTrustGrade (TGL_0, S_{text})

```
{   titleTrustDegree [n] ← 0 ;
    titleTrustDegree← TitleTrustDegree(TGL_0, S_text);      //计算标题可信度
    paperTrustDegree←getPaperTrust(titleTrustGrade);        //利用公式(7.8)
    if (paperTrustDegree >= 0.5)   //进行可信等级划分
        Grade = 1;
    else if (paperTrustDegree >= 0.2 ∧ paperTrustDegree <0.5 )
        Grade = 2;
    else if (paperTrustDegree > =0 ∧ paperTrustDegree < 0.2)
        Grade = 3;
    return Grade;
}
```

7.5　实验结果与分析

由于影响因子 IF 作为期刊整体质量水平的标尺是合理的,不妨根据复合 IF 将期刊分成三个等级:复合 IF 属于[1.5,＋∞)为一级期刊;复合 IF 属于 [1,1.5)为二级期刊;复合 IF 属于(0,1)为三级期刊。根据此划分,从知网中选择 17 种计算机类期刊分三组进行实验:第一组为复合 IF 排名靠前的 4 种期刊;第二组为复合 IF 排名在中间的 5 种期刊;第三组为剩下的 8 种期刊。每组选择 10 篇,每种期刊随机抽取 1 至 3 篇。

根据二八定律来确定实验中的阈值,即 20％的特征词汇包含文本内容 80％ 的信息,剩下 80％的词汇仅概括了信息 20％的内容。因此,根据实际经验,设置特征词阈值 λ 为 0.6,而将相似匹配阈值 σ 设为 0.6,如此设值可实现选出的词汇数量不多,但是都具代表性。另外,也满足选中词汇和未选中词汇数量约为 2∶8 的比例关系。实验数据如表 7.1 以及图 7.3—图 7.5 所示。

表 7.1　论文复合 IF 以及 PaperTrustDegree 统计表

期刊级别	期刊编号	复合 IF	论文序号	$PaperTrustDegree$ 值
一级	A	2.871	1	0.605
			2	0.542
			3	0.603
	B	2.761	4	0.521
			5	0.552
			6	0.617
	C	2.396	7	0.402
			8	0.478
	D	1.593	9	0.569
			10	0.579
二级	E	1.482	1	0.497
			2	0.507
			3	0.511

续　表

期刊级别	期刊编号	复合 IF	论文序号	$PaperTrustDegree$ 值
二级	F	1.122	4	0.481
	G	1.098	5	0.383
			6	0.463
	H	1.085	7	0.400
			8	0.516
	I	1.036	9	0.342
			10	0.421
三级	J	0.814	1	0.498
			2	0.283
	K	0.806	3	0.339
			4	0.380
	L	0.770	5	0.345
	M	0.702	6	0.372
	N	0.540	7	0.263
	O	0.480	8	0.221
	P	0.397	9	0.209
	Q	0.141	10	0.180

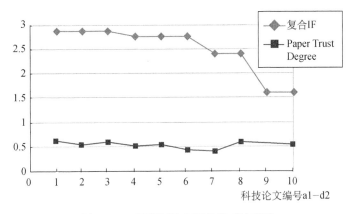

图 7.3　一级期刊论文可信度对比实验

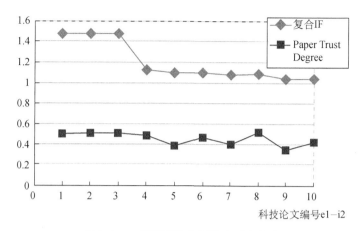

图 7.4　二级期刊论文可信度对比实验

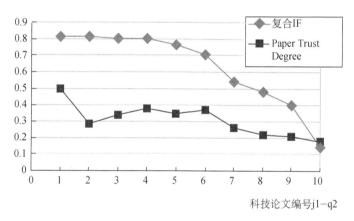

图 7.5　三级期刊论文可信度对比实验

从图 7.3—图 7.5 可看出,复合 IF 变化幅度较大,而 $PaperTrustDegree$ 在相似趋势下变化缓慢,是一种稳定的判断方法,说明大部分期刊的科技论文基本符合标题与正文匹配原则,能够保证基本的可读性。而复合 IF 排名靠后期刊中的文献,$PaperTrustDegree$ 值偏小,同时变化幅度也较大,说明本章讨论的方法对此等级期刊论文能够起到很好的鉴别作用。但是,实验数据存在着优质论文所得到的可信度却偏小的现象,主要有两方面原因:其一是有些科技论文用大篇幅介绍实验,采用了如"仿真实验与效果分析"等笼统性标题,计算词语相似度的方法进行标题与正文匹配效果比较差;其二是正文中使用了大量的数学和计算机形式化表达,影响了相关正文中关键词的权重,使得评估的可信度数值偏小。

7.6　本章小结

由于质量高且可读性强的科技论文,标题和正文是紧密相关的,存在概括与阐释的关系。在这种思想指导下,在分词技术基础上,基于特征词向量相似度,进行了标题与正文的匹配程度分析,最后给出了科技论文可信度评估方法。通过实例实验分析,验证了该方法在鉴别低质量论文方面效果明显。

第 8 章
基于参考文献的科技
论文可信质量评估

　　调查统计表明,在搜索文献时,大约 45％的用户会点击排名第一的查询结果,13％的用户会点击第二条结果,依次递减,到排名第十的结果仅有 3％的用户点击。由此看来,网络信息不断膨胀的时代,对快速准确获取自己需要的信息提出了更高的需求。如何按照用户的需求,将文献信息按照质量高低、可信度大小排序提供给用户,是文献搜索引擎需要重点考虑的方向。通过分析科技论文与其参考文献的关系,探讨科技论文及其参考文献价值的相互影响方式,借鉴 PageRank 思想,研究基于参考文献的可信度双向传递科技论文评估方法,实现科技论文质量的高效、准确评估,十分必要。

8.1　参考文献的解析

　　参考文献是指为撰写或编辑论文和著作时引用的有关文献信息资源,其作用包括:①作为科研基础与依据;②实现文献之间的关联,方便检索相关信息;③提供链接功能,为科技论文评价提供新的思路,即引文分析。

　　引文分析是以引文网络为基础,将科技论文作为网络节点,以引用关系作为网络连接边。图 8.1 为 2012 年到 2014 年,六篇科技论文构成的引文网络示意图。

　　显然,图 8.1 与 Web 网页链接网络十分相似,但是不同于网页链接的随意、无时间特性。科技论文的引用强调的是知识借鉴、积累与继承,比

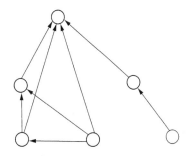

2012年

2013年

2014年

图 8.1　引文网络示意图

网页链接更加正式,包含了更多意义。一方面,科技论文认同参考文献的价值;另一方面,参考文献或者扩展科技论文的信息量,或者是科技论文研究的基础,其内容也是科技论文内容的一部分。

引文分析对于被引次数高的文献,给予更多的重要性评分。但是,这种思想存在一些不足:①没有考虑到不同引用之间的差异。被一篇质量很高的文献引用与被一篇质量一般的文献引用显然是不同的,前者更具有说服力。②这种方法只关注论文被引次数,而忽略了其本身引用参考文献的质与量。由于科技论文与参考文献的双向影响关系,一般学术价值高的论文引用的文献势必起点高、程度深和来源新。对于相同的被引次数的文献,应该再根据引用的参考文献的质量与数量,给予不同的评分。

由于引文分析与链接分析的相似性,可借鉴 Web 网页的 PageRank 算法思想,对引文分析的计算方法进行改进。下面在 PageRank 思想改进的基础上,阐述基于参考文献的科技论文质量评价方法,可在一定程度上弥补上面提到的两点不足。

8.2 PageRank 思想实质

实质上,PageRank 算法思想认为,网页 M 到网页 N 的链接解释为 M 给 N 投票与认可,若一个网页拥有的链入数越多并且链入的网页重要性越大,则该网页的重要性也越大。但是,PageRank 原始模型要求网络结构中不能存在悬点,即没有任何链入和链出的网页,并且网络必须为强连通。因此,Lawrence Page 和 Sergry Brin 提出随机浏览概念:用户以一定概率 d 关闭当前所浏览的网页,并且以相等概率 $1/N$,随机打开一个存在于互联网上的网页。如此,在网络结构上,使得每个节点都与其他节点相连,从而形成了强连通网络。

如图 8.2 所示,若网页 T_1,T_2,$\cdots$,T_n 链入网页 A,则网页 A 的 PageRank 值,以下简称 PR 值,计算公式如下:

$$PR(A) = \frac{(1-d)}{N} + d \times \sum_i \frac{PR_i(T)}{C(T_i)} \tag{8.1}$$

公式(8.1)中,$PR(A)$ 描述了网页 A 的重要性程度,值越大,说明 A 就越重要。$PR_i(T)$ 分别为链接到网页 A 的网页 T_i 的 PageRank 值。$C(T_i)$ 指网页链接到其他网页的数量,其中 $i=1,2,\cdots,n$。根据 Page 和 Brin 的随机浏览概

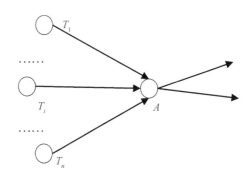

图 8.2　网页链接图

念,用户以概率 d(实际应用中 $d=0.85$)关闭当前所浏览的网页,随机打开互联网上的一个网页,每个网页打开概率为 $(1-d)/N$。而 $PR_i(T)/C(T_i)$ 说明网页 T_i 将其 PR 值平均分到其链出的每个网页,即 T_i 将其作为"票",投给其链接到的每个网页,这个"投票"过程称为 PR 值的传递,即在不改变自身 PR 值的前提下,影响被链接的对象 PR 值。

　　可见,若将 PageRank 算法思想用于科技论文可信评估,不但考虑了科技论文被引用次数,还区分了施引的科技论文的重要性。这与单纯考虑科技论文被引用次数的引文分析而言,无疑更为合理。另外,PageRank 算法还具有大规模的扩展性。

8.3　基于参考文献的科技论文可信度计算

　　正如前面所述,PageRank 思想能够很好解决 8.1 节中提到的引文分析存在的不足。为了取得更佳的评价效果,需要根据引文与链接差异,对 PageRank 改进。由 8.1 节可知,科技论文与参考文献的可信度具有双向影响关系:从引用角度,科技论文影响参考文献的可信质量;从被引用的角度,参考文献同样影响科技论文的可信质量。因此,不同于链接分析中网页 PR 值根据链接关系单向传递,科技论文和参考文献的重要性得分应该是双向传递过程。

8.3.1　基于参考文献的科技论文可信计算模型

　　图 8.3 是一个简单引用关系图,科技论文 O_i 引用参考文献 O_j,又被 O_k 引用。

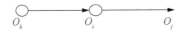

图 8.3   简单的科技论文引用关系模型

对于图 8.3 的引用关系,为了体现科技论文与其参考文献的可信度双向传播过程,可以建立对应的可信传递模型,如图 8.4 所示。

图 8.4   双向可信传递模型

在双向可信传递模型中,实箭头代表引用关系的可信度传递过程,虚箭头代表被引用的可信度传递过程。传递系数分别表示为 v、w,定义如下。

定义 8.1   科技论文引文网络 G:引文网络表示为 $G = (O, E, v, w)$,其中 O 为科技论文集合,$O = \{o_1, \cdots, o_n\}$,o_i、o_j 代表不同的论文个体;$E = \{(o_i, o_j) \mid o_i \rightarrow o_j\}$ 为边的集合,其中 o_i 为科技论文,o_j 为科技论文引用的参考文献;集合 $v: E \rightarrow R^+$,表示科技论文 o_i 对参考文献 o_j 的可信度影响权值;集合 $w: E \rightarrow R$,表示的参考文献 o_j 对科技论文 o_i 的可信值影响权值。

另外,用 I、C 分别表示引用对象集合和对象引用集合,例如 $I_j \subseteq O$ 表示引用 o_j 的对象集合,$C_i \subseteq O$ 代表 o_i 对象引用的对象集合。用 $N(I) = |I|$ 表示集合 I 中对象的数目。

8.3.2   基于参考文献的科技论文可信度计算

借鉴 PageRank 算法思想可知,一篇学术论文被引用次数越多,说明该论文的价值越高,并且来自高质量科技论文的引用优于来自一般科技论文的引用。另外,从引用参考文献的角度来看,一篇文献引用了很多重要的相关文献其价值也得到提升。基于以上事实,可以考虑文献 o_i 的价值 $T(o_i)$ 由两部分组成:一部分由 o_i 的参考文献决定,另一部分与引用 o_i 的文献有关。各部分传递权值计算如下。

在图 8.3 中,科技论文 o_i 引用参考文献 o_j,其引用传递权重 v_{ij} 计算如下:

$$v_{ij} = \begin{cases} 0 & o_i \notin I_j \\ \dfrac{N(I_j)}{\sum_{x \in c_i} N(I_x)} & o_i \in I_j \end{cases} \tag{8.2}$$

上式中，o_i 并不是将可信度平均赋予每个被引用的对象，而是与被引实体的引用次数成正比。若 o_j 被引次数越多，o_i 对其影响就越大。

同样，在图 8.3 中，o_j 被 o_i 引用，反引用传递权重 w_{ji} 计算如下：

$$w_{ji} = \begin{cases} 0 & o_i \notin I_j \\ \dfrac{1}{N(I_j)} & o_i \in I_j \end{cases} \tag{8.3}$$

对于反引用关系，假设科技论文引用的所有参考文献意义和价值是相同的。因此，文献 o_j 的可信值平均分配给所有引用它的对象 o_i。

定义 8.2　综合可信度 T：在引文网络 G 中，考虑实体 o_i 的参考文献的影响和其被引用的影响，综合这两方面传递的可信值，即为综合可信度 $T(o_i)$，计算公式为：

$$T(o_i) = \frac{(1-d)}{n} + d \left(\sum_{o_k \in I_i} v_{ik} \times T(o_k) + \sum_{o_j \in C_i} w_{ij} \times T(o_j) \right) \tag{8.4}$$

在公式(8.4)中，d 为阻尼系数，表示某个时刻，用户得到某个文献后，继续向后浏览的概率。PageRank 中阻尼系数通常设定为 0.85，考虑到引文网络与链接网络的差异性，需要重新设定适合引文网络的阻尼系数。科技文献实验研究表明引文网络中向后浏览的平均文献数是 2。因此，将 d 设定为 0.5 较为合适。$T(o_k)$ 为引用 o_i 对象的可信度值。同样，$T(o_j)$ 为 o_i 的引用对象，即参考文献的可信度值。该公式综合了文献被引次数、施引文献的质量、引用的参考文献质量与数量因素。在实际应用中，可将科技论文集合按照 $T(o_i)$ 的大小排序返回给用户，使得用户优先看到可信度高的文献。

8.3.3　算法效率分析

在公式(8.4)中，仅仅给出了一个对象的可信度计算。实际应用中，像中国知网数据库、Scopus 数据库等涉及海量科技论文的可信评估，因此需要快速有效的计算方式。事实上，公式(8.4)是一个迭代计算过程，若将集合中所有对象的综合可信度记为向量 $\boldsymbol{R} = [T(o_1), \cdots, T(o_n)]^{\mathrm{T}}$，则迭代后的计算公式为

$$\boldsymbol{R} = \frac{1-d}{n} \times \boldsymbol{J}_n + d \times \boldsymbol{Q} \times \boldsymbol{R} + d \times \boldsymbol{P} \times \boldsymbol{R} \tag{8.5}$$

在公式(8.5)中，$\boldsymbol{Q}$ 为 $n \times n$ 的引用影响系数矩阵，$\boldsymbol{Q} = \{v_{ij}\}$；$\boldsymbol{P}$ 为 $n \times n$ 的

反引用影响系数矩阵，$P = \{w_{ij}\}$；J_n 为元素均为 1 的 $n \times n$ 矩阵。为了证明上式的可解性，需要进行一些变换。令 $Z = (Q + P)$，则有

$$R = \frac{(1-d)}{n} \times J_n + d \times Z \times R \tag{8.6}$$

列向量 R 的全部矩阵元素相加为 1，公式(8.6)又等同于

$$R = \left(\frac{(1-d)}{n} \times J_n + d \times Z \right) \times R \tag{8.7}$$

根据 Perron Frobenius 理论，随机矩阵的特征值为 1 时，其特征向量唯一且非负。因此，要使得 $R = [T(o_1), \cdots T(o_n)]^T$ 是公式(8.7)的唯一解，必须使括号内满足随机矩阵条件：

(1) 矩阵是稀疏的；

(2) 矩阵各列元素和为 1。

对于条件(1)，通常的科技论文集合足够大，其中个体的引用数又是十分有限的，且科技论文引用参考文献的数量更是有限的。因此，满足稀疏矩阵条件。

Q 和 P 矩阵的列之和满足不是 1 就是 0。当 o_i 没有引用对象时，Q 矩阵中，i 列的所有值为 0。当 o_i 没有被其他任何对象引用时，i 列的所有值为 0。因此，必须对 Q 和 P 进行转化，使之满足条件(2)。令

$$Z' = \frac{1}{2}(Z + 2S(Z)) \tag{8.8}$$

上式中，S 是一个函数，它定义为对每个矩阵 $M = \{m_{ij}\}$，$S(Q) = \{s_{ij}\}$，并且

$$s_{ij} = \begin{cases} 0 & \text{if}(\exists k \in [1, n], m_{ij} > 0) \\ \dfrac{1}{n} & \text{otherwise} \end{cases} \tag{8.9}$$

Z' 是将 Z 中全 0 的列元素替换为 $1/n$，以保持随机性。然而，Z' 还不是正矩阵，其中非 0 列还存在 0。进一步引入 J_n 为元素均为 1 的 $n \times n$ 矩阵，且令 K 为

$$K = (1-d) \times \frac{1}{n} \times J_n + d \times Z' \tag{8.10}$$

如此，K 就满足正矩阵要求。因此，上面公式可改写为

$$\boldsymbol{R} = K \times \boldsymbol{R}$$

$$\boldsymbol{R} = \left[\frac{(1-d)}{n} \times J_n + \frac{d}{2} \times (\boldsymbol{Q} + \boldsymbol{P}) + d \times S(\boldsymbol{P} + \boldsymbol{Q}) \right] \times R \qquad (8.11)$$

在公式(8.11)中,集合中的一个对象代表 K 的一列,当处理海量数据集合时,可想而知,K 的行和列都是海量数级。因此,计算公式(8.11)就是解超大矩阵的特征向量。幂法求解是效率较高的求解矩阵特征向量的方法。对于 n 阶方阵 K 的特征值和特征向量,先取一个初始向量 $\boldsymbol{R}^0$,构造如下序列:

$$\boldsymbol{R}^1 = K \times \boldsymbol{R}^0$$
$$\cdots$$
$$\boldsymbol{R}^k = K \times \boldsymbol{R}^{k-1} \qquad (8.12)$$

$\boldsymbol{R}^0$ 是满足列之和为 1 的随机列向量。可以证明 K 的特征值为 λ_1, λ_2, $\cdots$, λ_n,且有 $1 = \lambda_1 > |\lambda_2| \geqslant |\lambda_3| \geqslant \cdots \geqslant |\lambda_n|$。幂法求解的特征向量是最大特征值 1 的特征向量。具体应用时,因为算法的结果不受初始值影响,因此设定数据集合中所有科技论文的初始可信值都为 1.0。算法的收敛速度跟 ε 的取值有关,ε 越小,收敛速度越慢;ε 若取一个较大值,又会导致可信结果偏差大。因此,实际应用时可设定收敛条件为:$|\boldsymbol{R}^k - \boldsymbol{R}^{k-1}| = \varepsilon < 10^{-6}$,在这个范围内进行 k 次迭代,得到 $\boldsymbol{R}$ 的稳定值。

在实际求解时,将公式(8.12)展开,得到如下式子:

$$\boldsymbol{R}^k = \frac{(1-d)}{n} \times J_n \times \boldsymbol{R}^{k-1} + \frac{d}{2} \times (\boldsymbol{Q} + \boldsymbol{P}) \times \boldsymbol{R}^{k-1} + d \times S(\boldsymbol{P} + \boldsymbol{Q}) \times \boldsymbol{R}^{k-1}$$

$$(8.13)$$

上式有几个特点,保证了迭代计算的效率,如下:

(1) 对于 $(\boldsymbol{Q} + \boldsymbol{P}) \times \boldsymbol{R}^{k-1}$,因为 $(\boldsymbol{Q} + \boldsymbol{P})$ 是稀疏矩阵,与 $\boldsymbol{R}^{k-1}$ 向量的乘积,可高效完成;

(2) $S(\boldsymbol{P} + \boldsymbol{Q}) \times \boldsymbol{R}^{k-1}$ 同样是稀疏矩阵与向量的乘积,特别的是,$S(\boldsymbol{Q} + \boldsymbol{P})$ 是列元素均相同的矩阵,因此 $S(\boldsymbol{P} + \boldsymbol{Q}) \times \boldsymbol{R}^{k-1}$ 只需要计算第一行的乘积即可;

(3) $\frac{(1-d)}{n} \times J_n \times \boldsymbol{R}^{k-1}$ 的计算实质是计算 $\frac{(1-d)}{n} \times \sum_{i=0}^{n} \boldsymbol{R}^{k-1}$,并且只需要计算一次。

8.4　实验分析

综合考察多个著名的电子文献数据库之后,不妨选取中国知网 CNKI 数据库为科研论文集合,以"可信""计算"为关键词,从 CNKI 库中搜索下载前 20 篇文献;然后继续下载该数据库中所有引用该论文的文献以及该文献引用的参考文献;最后再以施引文献和参考文献为起点,再次下载施引文献和参考文献;共得到 439 条文献记录。将已得到的 439 条文献记录作为数据集对本章给出的算法进行验证。以下是从这 439 篇文献中选取 2015 年 1 月截止时间内,被引次为 43～47 的 11 篇文献进行的比较分析见表 8.1。

表 8.1　被引次数为 43～47 的 11 篇科技论文得分情况

文献编号	发表年份	被引次数	发表期刊复合 IF 值	基于参考文献的可信得分	排名
P10	2011	47	1.593	0.0054	1
P377	2008	46	2.875	0.0051	2
P102	2010	48	1.482	0.0048	3
P90	2007	43	0.959	0.0046	4
P302	2009	43	1.036	0.0044	5
P213	2011	44	1.593	0.0043	6
P10	2005	43	0.895	0.0039	7
P23	2006	47	0.806	0.0037	8
P58	2006	47	0.431	0.0022	9
P112	2006	45	0.368	0.0019	10
P349	2003	43	0.236	0.0017	11

从表 8.1 中可看出,虽然各科技论文被引次数相差不大,但利用本章算法计算所得评分却各不相同,体现了不同文献质量上的差异。以 P10 和 P23 为例,虽然这两篇科技论文的被引数目均为 47,但是可以发现 P23 发表年限较早,若单纯从被引数上无法判断这两篇科技论文的价值差异。P10 发表在权威的期刊上(IF 值比较高),且引用它的文献也都比较权威,其参考文献可信度值都比较高。P349 本身并不十分权威(IF 值低),且没有被权威的文献所引用,引用的

科技论文质量不高。因此,通过本章方法计算得出 P10 比 P349 更可信,理应排在前面。可信有价值的科技论文和被质量高的科技论文所引用的科技论文学术价值更高,它们排在列表的前面符合人们的一般判断。可见本章算法可以对科技文献的质量做出比较准确的评估,从而能将质量高的科技论文优先推荐给用户。

8.5　本章小结

从科技论文的参考文献出发,分析了参考文献对科技论文的贡献,即参考文献对科技论文价值的影响,其他文献引用科技论文也会传递来价值,以此建立科技论文的价值双向传递模型。在借鉴和改进 Web 网页 PageRank 方法以及引文分析理论的基础上,给出了综合评价科技文献价值和计算科技论文可信度的方法,可以弥补单纯以被引次数多少来评判文献质量优劣的不足。

第 9 章
在线搜索过程与可信搜索技术

9.1 电子文献分类

9.1.1 电子文献的定义与描述

电子文献通常是指以互联网络为媒介进行传播和存储的,能够在不同程度上改变人们认知观念的电子信息资源。人们每天都在获取和使用大量的电子文献,例如登录新闻网站浏览实时资讯或者查询专题报道,从文献检索系统中阅读和下载会议论文、科技期刊,收听、观看教育教学机构提供的音频、视频等多媒体课件,等等。电子文献的分类方式有很多,诸如从传播范围来讲,可以分为 Internet 文献、联机文献、磁带光盘文献;从内容层面来讲,可以分为自然科学文献、社会科学文献和综合性文献;从组织存储层面来讲,可以分为文本文献、数据库文献和超媒体文献。在具体研究中,不可能对电子文献不分领域一概而论,因此在工作之初,必须对研究的电子文献有所界定和约束。目前,电子文献内容主要还是依赖于文字,因此我们的研究重点关注其中以文字和文本为基础的一系列文献,包括会议文献、期刊论文、科技报告、网页新闻、电子公告等,并且将它们统一称为电子文献。通常,这些电子文献来源于 PDF、CAJ、DOC、TXT、HTML等格式的文本。利用常见的文字和文本内容提取软件,在研究中重点针对提取得到的文字内容进行分析,并且有时将电子文献简称为文献,二者概念不作区分。对于提取的文字内容,称其为文本。

定义 9.1 文字文本(简称文本):由词语和标点符号等字符串构成的具有完整、系统语义的语句集合。假设用 $Char$、Pun、S、T 分别表示词语、非终结标点符号、语句、文本,$(X \mid Y)$ 表示文本字符串能够匹配为 X 或者 Y,$+$ 表示匹配前面子表达式一次或者多次,$[abc]$ 表示匹配 a、b、c 字符中的任意字符,

$X.has(\psi_X)$ 表示文本 X 具有完整的语义 ψ_X，则 $S = \{(Char \mid Pun) + [。!?]\}$，$T = \{S+\}$，且 $T.has(\psi_T)$，其中"非终结标点符号"指的是除了表示句子结束的句号"。"、感叹号"!"和问号"?"以外的其他标点符号。

9.1.2　电子文献的获取途径

互联网中分布和存储的文献数量众多，类型丰富，人们在开发、利用、研究文献时，首先要获取得到这些文献。

1. 通过网络爬虫搜索抓取和解析 Web 页面

互联网中存在很多 Web 网页，使用网络爬虫可以有效地搜索抓取 Web 网页获得文献。每个 Web 网页有唯一指定的 URL 地址，在获取文本时，首先利用爬虫获取 URL 地址，然后利用 url2io 等第三方文本提取工具从中提取网页正文，通过正则表达式对正文中多余的 HTML 标签过滤和去除之后，就得到了 Web 网页中的文本。这是最为普遍、最为常用的文献获取方式。

2. 通过下载工具从文献检索系统中批量下载

随着网络技术和开放存取运动的发展，科技论文的共享逐渐趋向成熟，目前已经有科学引文索引（SCI）、工程索引（EI）、中国知网、万方等文献检索系统，为用户提供了数不胜数的电子文献资源。因此，可以使用第三方下载工具，如"E-Learning""亿愿中文期刊论文下载管理器"等，通过检索系统批量地下载和获取文献。

3. 通过采集公共开源的文本数据集

公共开源文本数据集是由一些机构、公司或者团体整理的，具有一定结构和内容侧重的批量式文本数据，在很多领域研究中都有广泛的应用。在文本领域，使用较多的有中科院自动化研究所提供的中英文新闻语料库、搜狗实验室提供的新闻数据以及 Twitter 和 Facebook 等提供的英文文本数据集。通过采集和整理现有的公共开源数据集，也可以获取到大量的文献资源。

9.2　搜索引擎的分类

互联网中，各个搜索引擎的能力和偏好不同，抓取的网页各不相同，排序算法也各不相同。大型搜索引擎的数据库储存了互联网上几亿至几十亿的网页索引，数据量达到 T 级甚至 P 级。然而，即使最大的搜索引擎建立超过几十亿网页的索引数据库，也只能占到互联网上普通网页的不到 30%，不同搜索引擎之间的网页数据重复率一般在 70％以下。用户使用不同的搜索引擎,是因为它们具有不同的信息方向,能够搜索到不同的内容。根据搜索引擎的功能和应用不同,可以分为以下几种类型。

(1) 全文搜索引擎。是真正意义上的搜索引擎。在国外,最具有代表性的搜索引擎是 Google,国内以百度搜索为代表。全文搜索引擎从互联网上提取各个网站的网页信息,建立起数据库,并能检索与用户查询条件相匹配的网页,按一定的排列顺序返回结果。图 9.1 为全文搜索引擎百度搜索示例。

根据搜索结果来源的不同,全文搜索引擎可细分为两类:一类拥有自己的检索程序,俗称"蜘蛛"(Spider)程序或"机器人"(Robot)程序,爬取网页信息后,建立网页数据库,搜索结果直接从自己的数据库中检索,使用这种方法的搜索引擎以 Google 和百度为代表;另一类是租用其他搜索引擎的网页数据库,但按自定义的排序方法或排序格式返回搜索结果,如 Lycos 搜索引擎。

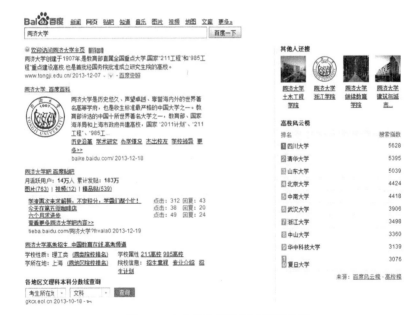

图 9.1　全文搜索引擎百度搜索示例

(2) 目录索引搜索引擎。也是具有搜索功能的搜索引擎,但是从严格意义上不能称为真正的搜索引擎,这类搜索引擎只是按目录分类的网站链接列表。用户可以只依靠分类目录找到所需要的信息,可以不经过关键词查询即可找到信息。在目录索引搜索引擎中,最具代表性的是 YAHOO!和新浪分类目录搜索。图 9.2 分别为新浪爱问和 YAHOO!的目录索引示例。

图 9.2　新浪爱问和 Yahoo! 的目录索引示例

（3）元搜索引擎（Meta Search Engine）。在接受用户查询请求后,同时在多个搜索引擎上搜索,并将综合排序后的结果,按照一定的排序方法对各个搜索引擎返回结果,进行综合和重新排序,然后将结果返回给用户。元搜索引擎以 InfoSpace、Dogpile、Vivisimo 等为代表,中文元搜索引擎中具代表性的是搜星搜索引擎。元搜索引擎的工作流程如图 9.3 所示。图 9.4 是 Dogpile 元搜索引擎的截图,可以看到,它集合了 Google 和 Yahoo 搜索引擎。

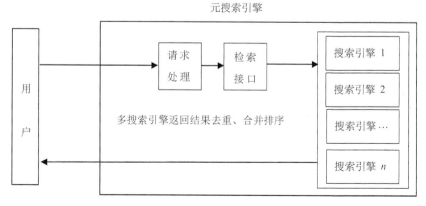

图 9.3　元搜索引擎的工作流程

图 9.4　Dogpile 元搜索引擎

9.3　搜索引擎的组成模型

搜索引擎主要提供两种功能,即索引处理和查询处理。现有的搜索引擎系统一般包含六个基本功能组件:网络爬虫(Spider)组件、文本转换组件、索引器(Indexer)、检索排序组件(Searcher)、用户接口(User Interface)和评价组件。搜索引擎的组成框架如图 9.5 所示,其中各个组件的功能阐述如下。

图 9.5　搜索引擎的组成框架

(1) 网络爬虫组件。用于发现文档,并且使得这些文档能够被用户搜索和查找。通常,利用能够从互联网上自动收集网页的 Spider 程序,自动访问互联网、企业内部网、桌面等,并沿着网页中链接的所有 URL 爬到其他网页,重复此过程,并把爬过的所有网页收集回来,建立一个文档集合,将文档信息传递给下一个文本转换组件。搜索引擎的 Spider 程序一般要定期重新访问所有网页,更新网页索引数据库,以便反映出网页内容的更新情况,增加新的网页信息,去除僵死链接,并根据网页内容和链接关系的变化重新排序,使得网页的具体内容和变化情况可以及时反映到用户查询的结果中。

(2)文本转换组件。它的功能是将文档转换为索引项。通过抽取能够表达文档内容的词项、短语、人名、日期等,将其作为文档的特征,即索引。索引是文档的一部分,存储在索引表当中,并且用于搜索。索引中整个文档集合的所有词项集合,称为索引词表(index vocabulary)。

(3)索引器。利用文本转换组件的输出结果,串联索引或数据结构,以便实现快速搜索。当新的文档加入文档集合时,索引表必须能够高效地更新。倒排索引是目前搜索引擎中使用最普遍的索引形式,在倒排索引中,每一个索引项都含有一个列表,列表中包含那些含有该索引项的所有文档。

索引系统对收集回来的网页进行分析,提取相关网页信息(包括网页所在URL、编码类型、页面内容包含的关键词、关键词位置、生成时间、大小、与其他网页的链接关系等),根据一定的相关度算法进行大量复杂计算,得到每一个网页针对页面内容及超链中每一个关键词的相关度(或重要性),然后用这些相关信息建立网页索引数据库。

(4)用户接口。提供搜索用户和搜索引擎之间的接口。用户交互的功能之一是接收用户查询并将它转换为索引项;另一个功能是从搜索引擎中得到一个排好序的文档列表,并将它重新组织成搜索结果显示给用户,例如生成文档摘要。文档数据库是用户生成结果的一个信息源。另外,该组件还提供一些好友的可视化技术,用于完善用户的查询,以便它能够更好地反映用户需求信息。

(5)检索排序组件。是搜索引擎系统的核心,它使用从用户交互组件得到的转换之后的查询,并且根据检索模型生成一个按照分值排好序的文档列表。搜索引擎返回网页是否快速、是否高质量依赖于排序组件,而排序的效率则依赖于索引技术,排序的质量则依赖于索引模型。

当用户输入查询需求关键词进行搜索后,搜索系统程序从网页索引数据库中找到符合该关键词的所有相关网页。因为所有相关网页针对该关键词的相关度早已算好,所以只需按照现成的相关度数值排序,相关度越高排名越靠前。

(6)评价组件。用于评测和检测系统的效果和效率。可以利用日志数据来记录和分析用户的行为,评价的结果用来调整和改善排序组件的性能。

9.4 基于 Map/Reduce 并行快速爬取

9.4.1 Map/Reduce 的编程模型

并行程序的一般设计过程包括划分（Partitioning）、通信（Communication）、组合（Agglomeration）和映射（Mapping）四个步骤，简称 PCAM 设计过程。传统的并行编程模型有元任务池模型、Master-Slave 模型、Fork-Join 模型、数据并行性模型、任务并行性模型和流水并行性模型。近年来，随着云计算的迅速发展，出现了一些新型的用于处理大规模数据集的并行编程模式，其中典型代表就是 Map/Reduce，它将后台复杂的并行执行和任务调度透明化，一般用户只需要设计好 Map 函数和 Reduce 函数就可以方便地开展并行计算。考虑到流行性和实用性，选择 Map/Reduce 作为 Web 网页并行爬取的编程模型。Map 函数将输入的数据集分割成一组不相关的数据子集，分配给多个处理器进行分布式处理；Reduce 函数将所有处理器的 Map 输出归一为某一特定的结果。MapReduce 实现中的具体操作流程如图 9.6 所示。

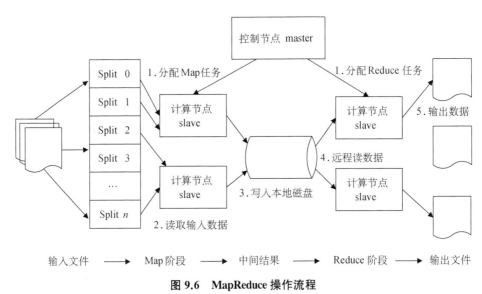

图 9.6 MapReduce 操作流程

（1）计算机集群的每台处理器上都有待执行程序的副本，其中一台处理器执行 master 程序称为控制节点，其余处理器是执行具体任务的计算节点

slavers。master 负责将 Map 任务或 Reduce 任务分配给空闲的计算节点 slavers。

（2）被分配到 Map 任务的节点首先读取对应的输入数据片，并从中解析出 〈key，value〉，然后将其传递给自定义的 Map 函数，通过计算得到中间〈key，value〉，并加载到内存当中。

（3）中间键值对首先被划分成多个，然后周期性地存入磁盘中，具体写入位置通过 master 传送给 Reduce 计算节点 slavers。

（4）Reduce 节点获得全部的键值对后，根据 key 值聚类，然后将 key 相同的 value 值的集合传递给自定义的 Reduce 函数，得到的结果添加到所属分区。

（5）所有的计算节点完成任务之后，得到总输出。

9.4.2　Web 网页并发爬取的 Map 方法

划分就是把一个大的计算任务通过某种分解方式，转变成若干个可以并行处理的小任务，包括域分解和功能分解两种方法。域分解对数据进行划分，包括输入数据、计算的输出数据和所产生的中间数据。功能分解对计算进行划分，揭示的是问题的内在结构。划分一般先集中进行数据划分，然后进行功能划分，二者互为补充，力图避免数据和计算的重复。Map 函数依据划分的思想，将大量 Web 网页集根据计算要求映射为多个小的存储区，从而将爬取网页这个大任务划分为可并行处理的多个子任务，然后调度到不同的处理机上并行执行。

假设 Internet 网上有 n 个 Spider 爬虫程序，记为 s_1，s_2，$\cdots$，s_n；爬虫 s_i 的用户信誉度为 u_i，爬取的准确度为 a_i，u_i 和 a_i 都可以通过统计得到，取值范围为 $[0，1]$，二者都体现了爬取网页的满意情况，记爬取质量为 $q_i = a_i \times u_i$。假设并行计算环境有 m 个计算节点，记为 p_1，p_2，$\cdots$，p_m；爬虫 s_i 在计算节点 p_j 上运行的平均速度为 v_{ij}，即返回单个爬取结果时间的倒数，一般由于不同处理机的性能存在差异，v_{ij} 也不同。不妨假定请求爬取一个关键词的网页时，爬虫 s_i 只允许运行在一台空闲处理机 p_j 上，根据实际情况，通常爬虫的总数小于并行计算环境中计算节点的总数，即 $n < m$。显然，Map 操作的目标就是均衡分配爬虫的负载，以便同时返回搜索结果，为后续 Reduce 操作同时提供输入数据。具体的负载分配情况如下：假定查找一个关键词，请求搜索爬取相应网页的总数为 X，s_i 所需爬取的相应网页数为 x_i，满足 $\sum\limits_{i=1}^{n} x_i = X$。因此，Map 任务就是将爬虫 s_i 分配到合理的计算节点 p_j 上，可形式化描述为 $Assign := \{(s_i，p_j) \mid$

$s_i \rightarrow p_j$, $i \in [1, n]$, $j \in [1, m]$}。 同时,优化此任务量 x_i,使得各个处理器在一次爬取的完成时间几乎相同,并且爬取到质量较高的网页。Map 操作的目标函数如公式(9.1)和公式(9.2)所示。

$$\max\left(\frac{x_i}{v_{ij}}\right) - \min\left(\frac{x_i}{v_{ij}}\right) \leqslant \varepsilon, \quad i \in [1, n], \ j \in [1, m] \tag{9.1}$$

$$\max\left(\sum_{i=1}^{n}(q_i \times x_i)\right), \qquad i \in [1, n], \ j \in [1, m] \tag{9.2}$$

公式(9.1)表示一个查找关键词最大的爬取时间与最小的爬取时间的差值,不能超过一个预先设定的极小的时间 ε。 公式(9.2)表示一次爬取过程中,在负载均衡的基础上,尽量爬取到质量最高的网页。为了满足公式(9.2),需要将质量高的搜索引擎尽可能地分配到速度快的处理机上。首先,按照爬取质量对爬虫进行递减排序,得到爬虫排序列表 S,$S = \{s_1, s_2, \cdots, s_n\}$,$q_i > q_{i+1}$;然后,根据爬虫排序列表 S 对所有空闲处理机进行递减排序,得到计算节点排序列表 P,$P = \{p_1, p_2, \cdots, p_m\}$,$v_{ij} > v_{ij+1}$。 因此,排序在前的爬虫 s_i 优先使用排序在前的处理机 p_j。 通过双排序不仅完成了爬取更准确全面的网页这个目标,而且确定了 s_i 应该具体分配到哪一个处理机 p_j 上,即当 i 确定时,j 不再是 $[1, m]$ 中的值,而是取 $j = i$,将 s_i 分派到 p_i 节点上。该过程为实现目标函数中的公式(9.1)奠定了基础,明确了 v_{ij} 就是 v_{ii}。 因此,对应每个爬虫 s_i 所需爬取的相应网页数,可用公式(9.3)表示为

$$x_i = \frac{v_{ii}}{\sum\limits_{i=1}^{\min(n, k)} v_{ii}} * X \tag{9.3}$$

其中,k 为空闲计算节点的数量,并用 t_i 表示一次爬取时间。t_i 可由公式(9.4)计算得到。

$$t_i = \frac{x_i}{v_{ii}} = \frac{1}{\sum\limits_{i=1}^{\min(n, k)} v_{ii}} * X \tag{9.4}$$

通过以上计算可以看出,对于每一个 t_i,其取值都与 i 无关,也就是每个计算节点负载均衡,即完成一次爬取的时间几乎是相同的。

根据以上步骤完成了对一个查找关键词搜索爬取相应网页的任务分配,排序列表 S 和 P 保证了爬取的网页质量,同时所有处理机一次搜索爬取完成的时

间基本相等。在现实使用中,往往会对多个关键词同时进行搜索,此时,只需按照关键词集依次循环进行搜索,将搜索任务不断地分配到空闲的处理器上。在循环过程中爬虫不会发生改变,但是空闲的计算节点随着任务的执行随时发生变化,所以对每一个查找关键词搜索爬取网页,都需要更新计算节点排序表 P。

9.4.3　Web 网页并发爬取的 Reduce 方法

除了划分,Map/Reduce 的另一个核心思想就是聚合,将划分的各个小任务的计算结果作为输入,根据自己定义的规则进行归一,其目的就是化简优化最终输出结果。聚合规则是千变万化的,具体采用哪一种规则,需要结合实际问题、最终输出结果具体分析。一般如果输出结果是数值,常见的归一规则有累加、累减等运算或者是求最值、平均值等取值。此处的目标输出是大量高质量的 Web 网页,Reduce 操作依据聚合的思想,将多个处理机并行爬取的大量 Web 网页,按照自定义规则存储其中质量较高的结果,达到优化输出的目的。

面对规模庞大的数据,Map/Reduce 计算模型有一个关键的数据结构 $\langle key$, $value \rangle$ 键值对。在计算过程中,首先 Map 操作接收最原始的 $\langle key0$, $value0 \rangle$ 对集,并通过一系列的计算得到中间的 $\langle key1$, $value1 \rangle$ 对集;然后将所有 $key1$ 值相同的 $value1$ 聚合在一起传递给 Reduce 操作,Reduce 函数根据自定义的规则,对具有相同 key 值的多个 $value$ 进行处理得到一个 $value$ 作为最终结果。根据本地库存储结构可知,Reduce 函数输出的结果包括查找的关键词 $keyword$、爬取网页的排序 $rank \in [1, X]$、网页的用户评分 $star \in [0, +\infty)$、网页文档 txt。其中,$rank$ 是每个爬虫搜索爬取网页的自然结果且是单调递增的,与用户和互联网都无关;$star$ 和 txt 的值随时改变。因此,可以得出 $\langle key$, $value \rangle$ 为 $\langle (keyword, rank), (star, txt) \rangle$。

Reduce 操作按照 key 值进行归约,根据不同计算节点返回的相同 key 值 $(keyword, rank)$ 保留其中网页质量最高的 $value$ 值 $(star, txt)$。$star$ 的大小是用户对网页的使用反馈,能够部分反映出网页的质量,所以规定优先保留 $star$ 最大的 $value$ 值。如果 $star$ 相同,则保留 Map 操作中质量最高的 s_i 爬取的网页,即当 $rank = r$ 时,$value = (star_r, code_r)$,$star_r = \mathrm{Max}(star_r^i) \parallel star_r^{\max(q_i)}$,其中,$i \in [1, n]$,$n$ 为爬虫个数。通过 Reduce 的聚合操作,将对同一个查找关键词爬取的网页统一输出到一个文件当中,例如本地数据库中,并且去除准确度不高的冗余结果,保留质量较高的网页。

9.4.4 Web 网页并发爬取统一算法

以上完成了 Map/Reduce 计算模型对网页并行爬取问题的 Map 方法和 Reduce 方法设计。通过 Map/Reduce 并行编程模型,能够把爬取多关键词对应大量网页的任务划分为在不同的互联网区域中分别爬取的小任务,加快整个任务的爬取速度。由上述的设计方法可得网页并发爬取的统一算法,伪代码如下:

算法 9.1:网页并发爬取算法

输入:待搜索的关键词集 Keywords,单个关键词爬取的对应网页的个数 X,多个爬虫集合 $S=\{s_i\}$,计算节点集合 $P=\{p_j\}$,许可误差 ε,其他变量名称沿用以上声明;

输出:网页文件存入本地代码库;

```
WebpageParaCrawl()                         //网页并行爬取主函数
{    while (Keywords ≠∅)                    //多关键词循环处理
    {    one_keyword ← nextKeyword(Keywords );
        Keywords ← Keywords−{one_keyword };
        P' ← getFreeP(P);                  //获得空闲处理节点表
        (MidKey,MidValue ) ← Map(S,P', one_keyword,X);   // map 操作
        (Key,Value ) ← Reduce(MidKey,MidValue);          //reduce 操作
        save_local_page_database(Key,Value);             //网页存在本地库
    }
}
Map(S, P', one_keyword,X)                  //搜索任务分配计算节点的过程
{    SS ← sortSearcherByQuality(S);        //S排序得SS = {s_i}, q_i > q_{i+1}
    SP' ← sortProcesserByVelocity(P',SS);  // P'根据v_{ij}和SS排序
    forall  i = 1 to  k
    {    assign  s_i to p_i, s_i ∈ S, p_i ∈ P   // 根据SS和SP,将s_i分配到p_i上
```

$$x_i = \frac{v_{ii}}{\sum_{i=1}^{\min(n,k)} v_{ii}} * X ; \qquad //计算x_i$$

```
        (MidKey,MidValue ) ← Crawl(s_i, x_i,one_keyword); //s_i 在 p_i 上执行爬取任务
        return ( MidKey,MidValue );
    }
}
```

```
Crawl(s,x,one_keyword)    //一次网页爬取任务的执行过程
{    UndoWebURLs ← spider(s, x, one_keyword);   // 获得网页 URL 集
     while( UndoWebURLs ≠Ø)                     //多链接循环处理
     {   one_url ← nextWebUrl( UndoWebURLs );
         UndoWebURLs ← UndoWebURLs – { one_url };
         DoneWebURLs ← DoneWebURLs + { one_url};
         (rank, star, whole_tat) ← Download( one_url );
         // 下载全部网页及其用户评分、排序
         ( midKey,midValue ) ← Split((one_keyword, rank), (star, whole_txt));
         ( MidKey,MidValue ) ← ( MidKey,MidValue ) + {(midKey,midValue )};
     }
     rerurn   ( MidKey,MidValue );
}
Reduce(MidKey,MidValue)    //多个网页聚合归一的执行过程
{    for rank = 1 to X
     {   key ← setKey(one_keyword, rank);   //设置 key
         if (hasMaxStar(star))              //按最大 star 设置 value
             value ← setValueAccordstar(star, web_txt);
         else                               //按最高 Quality_search 设置 value
             value ← setValueAccordQi(star, web_txt);
         (Key, Value) ← (Key, Value)+{(key, Value`};
     }
     return (Key, Value);
}
```

9.5　在线搜索一般过程与工作原理

9.5.1　在线搜索一般过程

为了研究电子文献优化搜索方法,鲜明地凸显研究特色,同时区别于一般的文献搜索方法,有必要对传统的基于关键词匹配的全文搜索过程及工作原理进

行简单回顾和分析。广义的全文搜索过程包括通过搜索器收集电子文献、使用索引器建立文献索引项、借助检索器来预处理并进行文本匹配以及利用用户接口实现人机交互等四个部分。根据具体的搜索抓取算法,搜索器指派网络爬虫从互联网中抓取大量的网页文献,存入文献数据库中;索引器根据不同词语在文献文本中出现的位置和频次,通过索引技术为每个文献建立索引项,生成文献索引数据库;网民通过用户接口提交搜索请求语句之后,检索器首先根据输入规范,将用户搜索请求语句处理为便于分析的关键词序列,然后逐一比对关键词序列和文献索引项,将匹配程度较高的文献通过用户接口返回给搜索用户,整个搜索过程如图 9.7 所示。

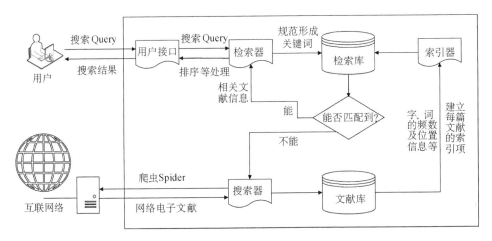

图 9.7　基于搜索关键词匹配的全文搜索过程

9.5.2　在线搜索工作原理

文献索引项的建立通常采用倒排索引技术,用元组 (doc_j, n_{ij}, (p_1^{ij}, p_2^{ij}, $\cdots$, $p_{n(ij)}^{ij}$)) 表示词语 w_i 在文献文本 doc_j 中的词频数为 $n(ij)$,出现的位置分别标记为 p_1^{ij}, p_2^{ij}, $\cdots$, $p_{n(ij)}^{ij}$,假设统计文献库中所有的文献分词之后得到的不同词语总数为 α 个,即 w_1, w_2, $\cdots$, w_α,则建立的文献倒排索引如表 9.1 所示。用户的搜索请求经过检索器预处理后形成关键词序列 (q_1, q_2, $\cdots$, q_β),搜索原理就是在文献集合中,找出包含尽可能多的关键词 q_i 的文献,$i \in \{1, 2, \cdots, \beta\}$。

表 9.1　文献倒排索引

词语	文档集合
w_1	$D_1 = \bigcup (doc_j, n_{1j}, (p_1^{1j}, p_2^{1j}, \cdots, p_{n(1j)}^{1j}))$
w_2	$D_2 = \bigcup (doc_j, n_{2j}, (p_1^{2j}, p_2^{2j}, \cdots, p_{n(2j)}^{2j}))$
$\vdots$	$\vdots$
w_α	$D_\alpha = \bigcup (doc_j, n_{\alpha j}, (p_1^{\alpha j}, p_2^{\alpha j}, \cdots, p_{n(\alpha j)}^{\alpha j}))$

9.5.3　用户搜索请求的输入方式

　　网络中的信息资源类型丰富多样,用户在搜索不同载体的信息时,可以采用不同的输入方式,即采取不同的搜索意愿表达方式。计算机视觉技术的快速发展给搜索服务带来了新的方向,用户想要搜索图片资源时,不仅可以提交描述图片内容和特征的字符串进行普通搜索,而且可以提交相似的其他图片,使用搜索引擎提供的图像检索服务在互联网中进行图片匹配搜索。语音识别技术的发展同样为搜索提供了便利,Apple 公司在其开发的智能手机和计算机系统中提供了语音助手 Siri,用户可以提交自己录制的音频搜索意愿来直接和 Siri 交互,获取包括天气预报、出行路线、问题查询等多种网络信息资源。近年来 Google 和百度搜索也在逐渐加大语音搜索引擎的研究和应用。

　　为了理解清楚用户的真实搜索意图,各大搜索引擎从用户搜索请求输入角度考虑,向用户提供了多种搜索意愿表达的方式,例如百度搜索在其设计的"高级搜索"中,不仅提示用户细分搜索请求语句中关键词的"精确"搜索与"模糊"搜索方式,而且还可以对搜索结果中关键词出现的位置、想获得的文献类型、文献发布时间、详细搜索网站等都逐一进行需求描述。可以看出,用户在搜索过程中确实可以多方面地表达自己的搜索请求。目前,常见的用户搜索请求表达方式,即搜索请求输入常常是一行能够体现用户意愿的字符串,该字符串可以仅包含多个独立的关键词,也可以是能够表达完整语义的多条独立语句,还可以是许多关键词和语句的综合形式,但是不包括图片搜索方式和用户语音搜索方式。

9.5.4　搜索匹配模型

　　模型是数学和计算机学科中常用的工具,是对其中的元素进行解释、演绎、推导的规则集合。自文献检索诞生以来,其中信息匹配的若干原理已经被总结成对应的模型。正如前面所述,信息搜索系统的实际搜索能力,在很大程度上依赖于匹配排序方法的好坏。

（1）布尔模型。布尔模型的基础是集合论和布尔代数。布尔模型的核心是布尔表达式,包括用户的搜索语句（或关键词）以及用于连接的布尔逻辑运算符"$\wedge$""$\vee$""$\rightarrow$",布尔搜索的结果将返回那些满足表达式为"真"的条目。例如用户的搜索语句 q 为"$(t_1 \vee t_2) \wedge t_3$",则可转换成析取范式 $m_3 \vee m_5 \vee m_7$（m_i 为极小项名称）,然后将每一个待匹配项与该范式进行运算求得布尔值。这种模型逻辑简单,但是往往因为布尔表达式的不易构造性以及无法区分关键词的重要程度而逐渐被弃用。

（2）空间向量模型。在 20 世纪 70 年代被提出,是目前各大搜索系统常用的匹配模型。它将搜索语句和待搜索的文本都抽象成一个向量,向量的每一维都是一个特征词向量,并且配有不同的权重,通过计算两个向量的余弦值来代表两者间的关联度。该方法摆脱了布尔模型中只有"真""假"的二元权重,因此可以判断关键词的重要程度,支持模糊匹配并可对结果进行排序。但是,相比布尔模型,空间向量模型不能指定关键词之间的逻辑关系,且对于长文本,容易导致向量维度过高,折损模型的性能。"词频—逆文档频率"（Term Frequency-Inverse Document Frequency，TF-IDF）算分公式是该模型的一种常见实现方式。

（3）扩展布尔模型。可以看作是上述两个模型的结合。扩展布尔表达式可以表示为:"$(t_1，w_1) \Theta (t_2，w_2) \Theta \cdots \Theta (t_n，w_n)$"。$t_i$ 为关键词，w_i 为其权重，Θ 为某个布尔逻辑运算符。它不要求待匹配文本完全符合布尔表达式,而是在高维空间中借用空间向量模型寻求其近似解,只不过从求余弦值变为求两点之间的距离。例如布尔表达式 $q = (t_1，w_1) \vee (t_2，w_2)$,词向量 $d = (d_1，d_2)$,两者间的相关度 $Sim(q，d)$ 被定义为:$Sim(q，d) = \sqrt{\dfrac{(w_1 d_1)^2 + (w_1 d_2)^2}{w_1^2 + w_2^2}}$。这种模型结合了布尔模型与空间向量模型的优点,但是计算的复杂度相对较高,难以大规模应用。

（4）概率模型。以上三种模型都依照搜索请求语句和文本的相似性进行匹配。然而,概率模型却试图从统计学的角度来发现两者的关联。为了计算这种关联,概率模型基于贝叶斯公式,考虑搜索语句中的关键词在相关和非相关文本中的分布。概率模型根据不同的假设又可以分为多种,例如二元独立模型、二元一阶相关模型、概率网模型等。

（5）其他模型。包括超链分析（代表有 PageRank 和 HITS）、语言学模型、机器学习神经网络等模型。

9.5.5　搜索匹配精度的衡量指标

对于信息搜索匹配的结果,必须依靠定量的方法评价其精准度的高低,即衡量指标。信息搜索根据不同的评价角度,衡量其精准度的指标种类繁多,其中最基本的是准确率 $P(q)$,其定义为:针对搜索请求语句 q ,搜索得出的相关结果与返回结果总数的比值。

$$P(q) = \frac{\sum_{k=1}^{|R_q|} Rel(k,q)}{|R_q|} \tag{9.5}$$

其中, R_q 表示由搜索 q 获得的结果集; $Rel(k,q)$ 是一个二值函数,表示 R_q 中第 k 项结果与 q 的相关性,相关则值为 1,否则值为 0,相关与否可通过人工标注。

但是,准确率指标有两点不足。其一是关注的范围是单次搜索返回的所有结果集是否相关。一般而言,一次搜索能够返回的结果的数量很大,多达数百万条,人工判断这些结果的相关性并不可行,况且绝大多数用户只会点击浏览排名靠前的那些结果,几乎不会花精力在靠后的条目上。因此,计算整个结果集的准确率指标既不现实,也无必要。其二是准确率是针对单次搜索而言的,用单个搜索的结果来描述信息系统搜索整体的精准度,未免显得以偏概全,难以反映整体的性能。

针对上述第一点不足,一种可行的方案是将单次搜索 q 的结果准确率的关注点,缩小到前 k 项结果是否相关,称为相对查准率,记为 $P(q,k)$ 。该方案假设搜索返回的结果都是经过排序的,相关程度越高的项排名越靠前,这种假设符合实际情况。

针对第二点不足,考虑多个搜索结果综合准确性的指标,即准确率均值(Mean Average Precision, MAP),其定义如下:

$$MAP(Q) = \frac{\sum_{q \in Q} AP(q)}{|Q|} \tag{9.6}$$

其中, Q 表示一组 n 个搜索语句, $Q = \{q_1, q_2, \cdots, q_n\}$, $AP(q)$ 的计算公式如下:

$$AP(q) = \frac{\sum_{k=1}^{|R_q|} P(q,k) \times Rel(q,k)}{|R_q|} \tag{9.7}$$

特别地,对于特定问题的搜索,有时用户只关心第 1 个准确条目,例如在问

答系统中,只需借助多次搜索的平均排序倒数(Mean Reciprocal Rank,MRR)作为衡量的指标:

$$MRR(Q)=\frac{\sum\limits_{q\in Q}RR(q)}{|Q|} \tag{9.8}$$

其中,$RR(q)$为搜索语句 q 的排序倒数,计算公式如下,$PosFirst(q)$表示搜索语句 q 的返回结果集中第 1 个准确项的排位。

$$RR(q)=\begin{cases}\dfrac{1}{PosFirst(q)} & (P(q)>0)\\[2mm] 0 & (P(q)=0)\end{cases} \tag{9.9}$$

除了上述指标,能够反映信息搜索匹配精准度的指标还有归一化折损累积增益(Normalized Discounted Cumulative Gain,NDCG)、二元偏好(Binary Preference,BPREF)等。在本书的第 10 章中,程序源代码的搜索也是信息搜索的一种,因此对于源代码搜索精准度的评价也可借用以上这些指标。

9.6 搜索引擎的主流排序算法

9.6.1 基于链接的搜索引擎排序算法

1. PageRank 算法

Google 公司的 Page 和 Brin 提出了 PageRank 概念,用来对 Web 网页重要性进行排序。其主要思想是,从 A 页面到 B 页面的链接解释为 A 页面给 B 页面的投票,根据投票来源和投票目标的等级来决定新的页面重要性等级。一个页面的"得票数"由所有链向它的页面的重要性来决定,到一个页面的链接相当于对该页投一票。一个页面的 PageRank 是由所有链向它的页面(入链接)的重要性经过递归算法得到的的,如图 9.8 所示。

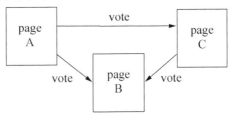

图 9.8 PageRank 投票机制

一个具有较多入链接的页面会有较高的等级,相反如果一个页面没有任何入链接页面,那么它没有等级。一个网页 A 的 *PageRank* 值计算公式如下:

$$PR(A) = 1 - d + d \times \sum_i \frac{PR(page_i)}{L(page_i)}, \ 1 < i < n, \ i \in N, \ n \in N$$

$$(9.10)$$

其中,$PR(page_i)$ 表示第 i 个网页的 *PageRank* 值,$L(page_i)$ 表示第 i 个网页的入链接页面的个数。

由于没有外链接的页面,贡献给其他网页的 *PageRank* 值为 0,所以添加阻尼系数 d。从公式中可以看出,对网页 A,如果它的入链接数越多,并且入链接的重要度越高,那么页面 A 的 *PageRank* 值越大。这个方法引入了随机浏览的概念,一个页面的 *PageRank* 值也影响了它被随机浏览的概率。为了处理没有向外链接的页面的情况,添加了阻尼系数 d,其意义是在任意时刻,用户到达某页面后并继续向后浏览的概率,一般情况下 $d = 0.85$。

2. HITS 算法

1998 年康奈尔大学的 Jon Kleinberg 博士首先提出了 HITS(Hyperlink-Induced Topic Search)算法,这个算法是 IBM 公司阿尔玛研究中心研究项目的一部分。HITS 算法目的是返回满足用户搜索的高质量网页。在该算法中,包括 Authority 页面(权威页面)和 Hub 页面(枢纽页面)两种基本网页。搜索引擎使用这种算法时,将对匹配网页分别计算 *Authority* 值和 *Hub* 值。所谓 Authority 页面,是指与某个主题相关的高质量网页,例如 Google 首页是搜索引擎领域的高质量网页,YouTube 首页是视频领域的高质量网页。所谓 Hub 页面,是指包含了很多高质量 Authority 页面链接的网页,例如国内的 hao123 首页包含了国内比较高质量的 Authority 页面,如百度、淘宝等,可以认为它是一个相对高质量的 Hub 网页。

HITS 算法首先根据用户提交的查询(query),利用搜索引擎返回搜索结果,从返回页面中,通常取前 $n = 200$ 个网页,作为根集合,记为 Root,其中 Root 满足:Root 中的网页数量较少,Root 中的网页是与查询 query 相关的网页,Root 中网页包含较多的 Authority 页面。然后,扩充 Root 集合,即与 Root 集合中网页有直接内外链接关系的网页,都将被扩充到 Root 集合中,记为扩展集合 E,如图 9.9 所示。最后,计算扩展集合 E 中所有页面的 *Hub* 值和 *Authority* 值,分别记为 $Hub(page_i)$,$Auth(page_i)$。HITS 算法刚开始运行时,对 E 中每个网页的两个权值设置为1,即 $Hub(page_i)=1$, $Auth(page_i)=1$,随后按照下面公式迭代计算和更新 Hub 值和 $Authority$ 值:

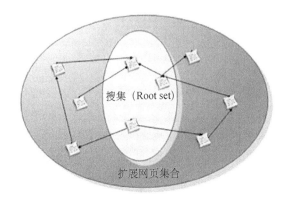

搜集（Root set）

扩展网页集合

图9.9　根页面集合与扩展页面集合

网页 $Auth(page_i)$ 在此轮迭代中的 $Authority$ 权值,即为所有指向网页 $Auth(page_i)$ 的页面的 Hub 权值之和:

$$Auth(page_i) = \sum_j Hub(page_j) \tag{9.11}$$

网页 $Auth(page_i)$ 的 Hub 分值,即为所指向的页面的 $Authority$ 权值之和:

$$Hub(page_i) = \sum_j Auth(page_j) \tag{9.12}$$

对 $Auth(page_i)$ 和 $Hub(page_i)$ 进行规范化处理,即将所有网页的中心度都除以"最中心度",以便将其标准化:

$$Auth(page_i) = \frac{Auth(page_i)}{\max\{Auth(page_j)\}} \tag{9.13}$$

将所有网页的权威度都除以"最高权威度",以便将其标准化:

$$Hub(page_i) = \frac{Hub(page_i)}{\max\{Hub(page_j)\}} \tag{9.14}$$

将页面根据 Authority 权值得分由高到低排序,取权值最高的若干页面作为响应用户查询请求的搜索结果输出。

HITS 算法也存在不足,例如易被作弊者操纵结果。作弊者可以建立一个网页,页面内容增加很多指向高质量网页或者著名网站的网址,这就是一个很好的 Hub 页面,之后作弊者再将这个网页链接指向作弊网页,于是可以提升作弊网页的 Authority 得分。

9.6.2　基于内容语义的搜索引擎排序方法

基于链接的排序方法是一种忽略网页内容的排序方法,这种方法排序的结果仅仅代表着网页的质量,与网页的内容无关。当前,在用户越来越关注获取信息真实性、可靠性、感兴趣度的情况下,忽略网页内容的排序方法是不能满足用户需求的。因此,许多学者开始研究基于内容的搜索引擎排序方法。基于内容的排序方法通过分析计算网页标题、网页内容等信息获取网页的重要程度。例如,用户的兴趣可以通过用户历史检索记录获得。用户的检索记录分为两部分,一部分是用户提交给搜索引擎的历史查询词条的集合,另一部分是用户点击结果的摘要信息文档。搜索引擎中的每个候选网页按照用户摘要信息的格式,创建相应的摘要集合文档。候选网页和用户关注的关键词概念越相近,这个候选网页就越符合用户的兴趣主题。概念匹配的计算方法如下:

$$Concept\_match\,(user_i,\,doc_j) = \sum_1^N cwt_{ik}cwt_{jk} \tag{9.15}$$

其中,N 表示概念关键词的个数,cwt_{ik} 表示概念 k 在用户历史记录中的权重,cwt_{jk} 表示概念 k 在网页文档中的权重,计算方法分别如下:

$$cwt_{ik} = \frac{num\_concept_k}{sum\_concept\_UserProfile} \tag{9.16}$$

$$cwt_{jk} = \frac{num\_concept_k}{sum\_concept\_WebDocument} \tag{9.17}$$

上述方法根据网页与用户兴趣的相似度,辅助搜索引擎对候选网页进行重排序,能够有效地优先返回用户感兴趣的结果。

9.7　搜索引擎返回结果数量的优化停止方法

9.7.1　日常事务中的停止问题

在日常生活中,人们对一些问题,常常要面临多个选择。例如,投资股票、找工作、选择相亲对象等。假设某公司要聘请一名秘书,有大量的应聘者来面试,按照随机顺序进行面试,每个人的机会是均等的。每次面试一人,一人只有一次机会。面试官了解应聘者的适合程度,并能和之前的每个人作比较。面试过程中,公司即时决定是否聘用当前的面试者,如果不聘用这个面试者,则继续面试下一个人。一旦聘用,则不再进行后续的面试,面试活动停止。怎样才能选择到最合适的人选呢?如果中途过早停止面试,则可能没有聘用到最合适的人选;如果一直面试到所有应聘者结束后再做选择,则公司需要付出大量的人力资源。因此,这样就存在一个停止问题——何时停止面试,可以选择到最优秀的面试者,或者使得最佳应聘者被选中的概率最大。

9.7.2 选择停止问题的数学描述

在选择过程中,选择对象可以看作是随机变量,决定是否选择该变量依据目标函数的约束条件。观察一个随机变量,即要判定该变量的目标函数是否满足约束,满足则选择,并停止观察;如果不满足约束,则持续观察下一个随机变量。这样的问题,通过数学形式描述如下。

定义 9.2 停止问题:随机变量 X_1,X_2,X_3,…,构成选择决策空间 $D = \{X_1, X_2, X_3, …, X_n, … \mid n \in N\}$;依次观察 D 中变量,并决定是否选择当前的变量 X_n,若选择,则停止观察;如果不选择当前变量,则继续观察。重复实验,直到某一个随机变量 X_{n^*}($1 \leqslant n \leqslant n^*$,$n^* \leqslant N$)时观察实验停止下来。如何选择这个变量 X_{n^*} 作为决策目标的过程称为停止问题。

在停止问题中,当决策空间包含大量随机变量时,如果决策过早,那么可能选不到合适的对象,如果观察所有的变量再作决策,则需要付出巨大的观察资源和时间。何时停止观察,选择最合适对象的过程就是优化停止问题。

定义 9.3 优化停止问题:观察决策空间 D 中的随机变量,得到停止问题的目标函数集 $Y(D) = \{y(X_1), y(X_2), y(X_3), …, y(X_n)\}$。假定观察变量 X_{n^*} 时,目标函数值 $y(X_{n^*})$ 满足约束 $y(X_{n^*}) = \text{Max}\{y(X_1), y(X_2), y(X_3), …, y(X_n), … \mid n \in N\}$,则停止观察活动,选择这个观察变量作为决策目标。这样的停止问题称为优化停止问题。

在观察到某一个变量时,判定该变量的目标函数值最优,是优化停止问题的核心。优化停止问题符合人们日常的决策活动,例如在选择哪一种方法解决当前的问题时,人们通常会缜密地思考哪一种方法使用后,会使自己利益最大化。

9.7.3 搜索引擎中的选择停止问题描述

优化停止问题在很多领域都存在,例如金融股票操作中,选择何时买进何时卖出,以便能赚到更多的钱。在互联网领域中,这种问题更是屡见不鲜。获取信息是人们使用互联网最重要的目的之一,用户浏览一条信息,就会思考这条信息是否满足所需,如果是,则用户就会选择该条信息详细查看;如果不满足需要,则用户会继续浏览其他信息,以便找到自己需要的信息。用户使用搜索引擎查找信息,例如用 Google 输入一个"同济大学"查询关键词,搜索引擎返回 20 000 000 余条结果,其中包含满足用户需要的、重复的、与查询无关的各式各样的结果,甚至垃圾网页。搜索引擎为这些多余、无关的文档也需要付出大量的带宽、能耗、数据空间等代价。

如果搜索引擎能够预先判定候选结果是否更加可信、更加准确,然后再选择性地返回给用户,不仅带来良好的用户搜索体验,而且节约搜索引擎的资源。针对搜索引擎中存在的选择停止问题,可以给出如下数学描述。

定义 9.4　搜索引擎的停止问题:给定关键词(keywords),通过搜索引擎输出一系列搜索结果的集合记为 $R = \{page_1, page_2, page_3, \cdots, page_n, \cdots \mid n \in N\}$。搜索引擎在输出结果时,每次观察一个搜索结果 $page_i (1 \leqslant i \leqslant n, i \in N)$ 就要决策是继续输出下一个结果给用户,还是在输出当前结果时就停止本次输出活动,这个问题称为搜索引擎的停止问题。

定义 9.5　搜索引擎的优化停止问题:假定搜索引擎在结果集 R 中选择返回结果,每次观察一条结果 $page_i (1 \leqslant i \leqslant n, i \in N)$,搜索引擎判断该条结果是否满足预先规定的判定条件,如果不满足则舍弃,否则选择输出该条结果,并继续观察结果 $page_{i+1}$,重复试验,直到搜索引擎返回最适量为止。这样的搜索引擎返回结果的停止问题称为搜索引擎的优化停止问题。

对于用户的查询关键词,如果搜索引擎过早停止输出搜索结果,那么少量的结果可能不能满足查询需要;如果将所有的搜索结果都返回给用户,那么搜索引擎需要为无关、不可信的结果付出大量的时间、资源代价。所以,搜索引擎需要选择输出可信度高的最适量搜索结果,这也是智能搜索引擎的一个重要功能。

9.7.4　选择停止问题的一般的解法

在一般的选择停止问题求解中,已知一系列随机变量 $X_1, X_2, X_3, \cdots, X_n, n \in N$,构成选择决策空间 $D = \{X_1, X_2, X_3, \cdots, X_n\}$,现在已经观察了变量 $X_1, X_2, X_3, \cdots, X_{r-1}, 1 \leqslant r-1 \leqslant n, r \in N$,变量的目标函数空间 $O(D) = \{y_1(X_1), y_2(X_2), y_3(X_3), \cdots, y_{r-1}(X_{r-1})\}$,持续观察后面的变量 $X_r, X_{r+1}, X_{r+2}, \cdots$,如果 X_{r-1} 之后的变量中,第一个变量 X_i 的目标函数值满足:

$$y(X_i) \geqslant O(D)_{\max} = \max\{y_1(X_1), y_2(X_2), y_3(X_3), \cdots, y_{r-1}(X_{r-1}) \mid 1 \leqslant r-1 \leqslant i \leqslant n, n \in N\},$$

那么称 X_i 为最优观察变量,并选择这个变量,拒绝之后的所有变量。

下面是选择停止问题的概率求解方法,对任意 X_i,被选择为最优观察变量的概率为

$$P(X_i) = \sum_{i=1}^{n} P(\text{变量 } i \text{ 是最优观察变量并且被选择})$$

$$= \sum_{i=1}^{n} P(\text{变量 } i \text{ 被选择} \mid \text{变量 } i \text{ 是最优观察变量}) \times P(\text{变量 } i \text{ 是最优观察变量})$$

$$= \sum_{i=1}^{n} P(\text{变量 } i \text{ 被选择} \mid \text{变量 } i \text{ 是最优观察变量}) \times \frac{1}{n}$$

$$= \sum_{i=1}^{x_i-1} 0 \frac{1}{n} + \sum_{i=x_i}^{n} P(\text{次优观察变量在前 } i-1 \text{ 个观察变量中}) \times \frac{1}{n}$$

$$= \frac{x_{i-1}}{n} \sum_{i=x_i}^{n} \frac{1}{i-1}$$

因为第 X_i^* 个变量是最优观察变量,满足要求条件,所以有

$$P(X_i^* - 1) < P(X_i^*), \text{且} P(X_i^*) > P(X_i^* + 1),$$

即

$$\frac{X_i - 1}{n} \sum_{i=X_i-1}^{n} \frac{1}{i-1} \leqslant \frac{X_i}{n} \sum_{i=X_i}^{n} \frac{1}{i-1}, \text{并且,} \frac{X_i}{n} \sum_{i=X_i}^{n} \frac{1}{i-1} \geqslant \frac{X_i + 1}{n} \sum_{i=X_i+1}^{n} \frac{1}{i-1}$$

得到: $X_i^* = \min\left\{X_i \mid X_i \geqslant 1, \sum_{i=X_i+1}^{n} \frac{1}{i-1} \leqslant 1, n \in N\right\}$

解得: $P(X_i^*) = \frac{1}{e} \approx 0.368$

因此,在一般选择停止问题中,选择到最优观察变量的最大概率为 0.368。例如:假设有 1 000 个选择对象,那么其中的第 368 个对象为最优对象的概率最大,选择了前 368 个对象,就选择了整体中最优的对象。

9.7.5 搜索引擎候选网页的收益度

假设用选择停止问题的一般方法求解搜索引擎的选择停止问题,例如用 Google 搜索"同济大学"返回约 16 600 000 条结果,那么优化后的搜索引擎会选

择返回 16 600 000×0.368＝ 6 108 800 条结果就停止。但是在实际中,我们发现 6 108 800 条结果中,包含了远大于用户所需要的信息,即返回结果的数量还是过多,不能达到理想选择返回结果的目的。因此,需要更优的选择停止方法对搜索引擎返回结果进行优化。可以进一步对搜索输出结果进行信任分析,利用返回结果的内容信任度,增强对搜索输出结果的选择过滤以及搜索停止时机的判断。

　　从现实生活中的停止问题出发,联系搜索引擎领域,可以利用搜索引擎返回结果的收益度(是指返回的网页 $page_i$ 对用户的价值)进行辅助决策。不妨将文本信任度和用户兴趣度作为搜索引擎的收益,文本信任度和用户兴趣度越高的网页,网页对用户的价值越高,即收益度越高,这样的候选网页应当优先返回给用户。记搜索引擎的收益度为 Trust_Interest($page_i$),候选结果收益度的计算公式如下:

$$Trust\_Interest(page_i)=m \times Trust(page_i)+n \times Interest(page_i) \quad (9.18)$$

其中, $Trust(page_i)$ 和 $Interest(page_i)$ 前文已经讨论,系数 m、n 可以根据实际需求进行设置。

9.7.6　搜索引擎候选结果的代价分析

　　对用户的一次查询搜索,如果搜索引擎对包含关键词的网页不加辨别地存储、索引并输出给用户,那么搜索引擎要付出巨大的存储代价。对用户给定的查询关键词,搜索引擎决定返回某一个结果给用户之前,搜索引擎需要消耗时间、带宽、能耗等在互联网上抓取该网页。如果这条结果被用户点击,那么该网页还会消耗用户的带宽或者手机流量。如果搜索结果内容生涩难懂或者相关度甚低,那么将消耗用户阅读精力和时间。因此,搜索并返回结果是有代价的,主要体现在以下多个方面。

　　(1) 存储代价。如果一条候选结果的信息很大,那么它将占用搜索引擎很大的存储空间,开销也很大。假设对于搜索结果集 R 中的 $page_i$,经过搜索引擎处理后,文本数据大小为 $S_{text}(i)$,图片所包含的数据大小为 $S_{picture}(i)$,视频数据大小为 $S_{video}(i)$,其他类型的数据大小为 $S_{others}(i)$,相应的单位价格分别为 a、b、c、d,则对 $page_i$ 网页的存储代价为

$$C_S(page_i)=S_{text}(i) \times a + S_{picture}(i) \times b + S_{video}(i) \times c + S_{others}(i) \times d$$

$$(9.19)$$

　　(2) 网络通信流量代价。搜索引擎在决定输出候选结果 $page_i$ 时,网络通信流量主要来自两个方面:一是搜索引擎的网络爬虫抓取这个网页的过程中产

生的流量;二是该网页被用户请求并返回给用户过程中产生的流量。假设对于搜索结果集 R 中的 $page_i$,搜索引擎抓取时的流量为 $T_{crawler}(i)$,返回给用户消耗的网络通信流量为 $T_{user}(i)$,同时假设单位流量的价格为 s,则对候选结果 $page_i$ 的网络通信代价为

$$C_{NT}(page_i) = (T_{crawler}(i) + T_{user}(i)) \times s \qquad (9.20)$$

(3) 文本内容的理解代价。当输出结果不可信、不相关时,用户需要花费更多的精力去理解文本的内容,可以定义用户文本内容理解代价如下:

$$C_{TC}(page_i) = l \times \frac{S_{none}(i)}{S_{sum}(i)} + m \times \frac{S_{part}(i)}{S_{sum}(i)} + n \times \frac{S_{all}(i)}{S_{sum}(i)} \qquad (9.21)$$

公式(9.21)中,$S_{sum} = S_{all} + S_{part} + S_{none}$,$S_{all}(n)$、$S_{part}(n)$、$S_{none}(n)$ 分别表示将文本按照字句划分后,文本中全部包含、部分包含、完全不包含查询主题的字句个数。l、m、n 分别表示相应字句的阅读理解单位价格。

(4) 阅读时间代价。如果对于网页 $page_i$ 的内容通俗易懂,那么用户通常只需花费少量时间,就可阅读完所有的内容。相反,如果网页中包含大量生词,内容晦涩难懂,用户需要花更多的时间来阅读。因此,候选结果的阅读时间代价为

$$FNT = C_{RT}(page_i) = T_{time}(i) \times r$$

$$C_{RT}(page_i) = \frac{W_{sum}(i)}{reading\_speed(user)} \times r \qquad (9.22)$$

其中,$T_{time}(i)$ 表示用户阅读完网页内容所需的时间,r 为读者的单位时间价格指数。

除此之外,候选结果给搜索引擎和用户带来了很多其他的成本。为了简化分析,可以主要考虑以上四种代价,因此对于搜索结果 $page_i$ 而言,估计的成本代价为

$$C_{search\_cost}(page_i) = C_S(page_i) + C_{NT}(page_i) + C_{TC}(page_i) + C_{RT}(page_i)$$
$$(9.23)$$

公式(9.19)至公式(9.23)中的单位价格,可以根据实际情况来确定。例如,$a = 0.00300/\text{KB}$,$b = 0.00040/\text{KB}$,$s = 0.0003/\text{KB}$,$r = 0.0022/\text{min}$,对一篇来自《人民日报》的文章《毫不动摇坚持和发展中国特色社会主义》,利用上述方法进行代价计算。这篇报道的占用空间为 24.0 KB,字数约为 2 400 字,假设文本单位代价、图片空间代价、通信流量代价、时间代价分别为 a、b、s、r,该文本中 $S_{sum} =$

$36,S_{all}=3,S_{part}=19,S_{sum}=1\,618,S_{none}=14$,在每分钟阅读 600 字的情况下,则 $C_{SSC}=0.0815,C_{NTC}=0.0072,C_{TC}=0.4280,C_{RT}=0.0088,C_{earch\_cost}=0.5255$。

9.7.7　搜索引擎的回报值

当搜索引擎决策输出某条结果给用户时,如果这条结果可信度高,它的内容相关度高,并且内容易于理解,给用户带来的时间、精力、能耗等代价少,那么有必要选择这条结果返回给用户,反之不然。为了统一搜索结果的正反两个方面特征,可以定义搜索引擎的回报值(Reward),综合评价一条候选结果的价值,为搜索引擎决策提供量化依据。回报值(Reward)为该条结果的可信度与搜索成本代价之比,即

$$Reward(page_i)=\frac{Trust\_Interest(page_i)}{C_{search\_cost}(page_i)}=\frac{Tc(page_i)}{C_{search\_cost}(page_i)} \tag{9.24}$$

例如,$T_C(page_1)=0.85$,$C_{search\,cost}(page_1)=0.5$,表示该条结果可信度非常高,输出代价一般;$T_C(page_2)=0.45$,$C_{search\,cost}(page_2)=0.89$,那么这条结果的可信度不高,并且输出代价非常高。因此,选择 $page_1$ 更具有合理性。通过计算回报值有 $Reward(page_1)=1.7>Reward(page_2)=0.51$,$page_1$ 比 $page_2$ 的综合价值更高,也证明了选择 $page_1$ 更合理。因此,利用搜索回报值综合评价候选结果具有更高的参考价值。

9.7.8　搜索引擎的优化停止判据

搜索回报值是搜索引擎决策的量化依据,显然,选择回报值高的网页结果,就意味着选择了高可信度、低开销的网页结果,将其返回给用户,对搜索引擎和用户都具有较好的满意度。因此,结合一般停止问题的求解方法,可以设定选择候选结果的标准,即搜索引擎的优化停止判定依据,如下:

当搜索引擎在观察结果集 R 时,选择前 $0.368\times|R|$ 条结果就停止下来,将这些结果作为观察空间变量,并计算这些网页的搜索回报值,记为 $Reward(page_i)$,$1\leqslant i\leqslant 0.368\times|R|$,$|R|$ 表示 R 中包含的结果数量。假设 θ_0 为判定阈值,如果第 i 条候选结果 $page_i$ 的回报值满足:

$$Reward(page_i)\geqslant\theta_0 \tag{9.25}$$

那么,选择这条结果返回给用户;否则,舍弃该条结果。将最终满足条件的结果集 R^* 作为最终搜索返回结果,返回给用户。其中,θ_0 为经验判定值,实际应用中评估 θ_0 值的方式很多,例如可以取值为 $0.368\times|R|$ 条结果回报值的平均值。

9.7.9　搜索引擎返回结果的优化停止排序算法

根据定义 9.5 以及 9.7.8 节中阐述的搜索引擎的优化停止判据,下面给出搜索引擎返回结果的优化停止算法,伪代码如下:

算法 9.2:搜索引擎返回结果的优化停止排序算法

输入:搜索关键词 Keywords,阈值θ_0;

输出:优化选择结果集R^*;

Optimal_Stoppoing( )

```
{    R = {page_1, page_2, page_3, ..., page_n} ← Search_all_results(Keywords);
```

　　　//根据特定关键词得到结果集 R

　　$R^1 = \{page_1, page_2, page_3, ..., page_{0.368|R|}\}$;

　　　//利用停止理论的结论选择前$0.368 \times |R|$条结果

　　for　$\forall \; page_i \in R^1$ do

　　{　$Trust(page_i) \leftarrow$ Text_Trust_Degree_Method_for_Search_Engine();

　　　$Interest(page_i) \leftarrow$ User_Interest_Method_for_Search_Engine();

　　　//搜索代价计算

　　　$(S_{text}, S_{picture}, S_{video}, S_{others}) \leftarrow$ Storage_Space$(page_i)$;

　　　$(S_{none}, S_{part}, S_{sll}) \leftarrow$ Num_of_Sentences_Coveraged_Keyword$(page_i)$;

　　　$(T_{crawler}, T_{user}) \leftarrow$ Compute_Traffic$(page_i)$;

　　　$T_{time} \leftarrow$ Reading_Time$(page_i)$;

　　　$C_{SC}(page_i) \leftarrow$ Storage_Cost$([S_{text}, S_{picture}, S_{video}, S_{others}], \; \alpha, \beta, \chi, \delta)$;

　　　$C_{TCC}(page_i) \leftarrow$ Tetx_Comprehending_Cost$([S_{none}, S_{part}, S_{sll}], \; \lambda, \mu, \nu)$;

　　　$C_{NTC}(page_i) \leftarrow$ Network_Traffic_Cost $([T_{crawler}, T_{user}], \sigma)$;

　　　$CR_{TC}(page_i) \leftarrow$ Reading_Time_Cost(T_{time}, ρ);

　　　$C_{search_{cost}}(page_i) \leftarrow$ Search$_{Cost(C_{SC}(page_i), C_{TCC}(page_i), C_{NTC}(page_i), C_{RTC}(page_i))}$;

　　　//搜索回报值计算

　　　$Reward(page_i) \leftarrow 1/2(T(page_i) + Interest(page_i))/C_{search_{cost}}(page_i)$;

　　　　//优化停止判定

　　　if $Reward(page_i) \geq \theta_0$　　//根据判定条件选择合适的结果,θ_0为阈值

　　　　　$R' \leftarrow R' \cup page_i$;

　　}

　　$R^* \leftarrow$ Sort(R');　　　　　//对满足条件的候选网页重排序

　　return R^*;　　　　　　　//返回优化选择适量结果

}

9.8 搜索引擎的评价机制

（1）搜索引擎的检索效率。主要包括检索时间、召回率、查准率以及 $F1$ 指标，这四项指标是对搜索引擎评价的基本指标，其中准确率、召回率和 $F1$ 值是三种常用的性能评估参数。

检索时间是指从用户输入查询关键词开始，搜索引擎给出查询关键词提示，到搜索引擎返回结果所需要的时间。如果搜索引擎能够从搜索引擎输入关键词开始，及时给出关键词提示，帮助用户优化关键词，并且能够及时将结果返回给用户，那么搜索引擎就能给用户留下比较快速的印象。

搜索引擎的召回率，即查全率，是指搜索引擎返回的相关网页数与全部网页数的比率。搜索引擎的查准率，是指检出的相关文献与检出的全部文献的百分比。$F1$ 指标是对准确率和召回率的一个综合考评。以上内容在第 1 章中已做了阐述。

对于给定的某个文本类别，设用户提交查询后，返回结果中 x 为被正确分到该类的文本个数，y 为属于该类但被误分到其他类的文本个数，z 为被误分到该类的文本个数，则准确率为

$$P = \frac{x}{x+z},\ x \in N,\ z \in N \tag{9.26}$$

召回率为

$$R = \frac{x}{x+y},\ y \in N,\ z \in N \tag{9.27}$$

$F1$ 指标的定义为

$$F1 = \frac{2PR}{P+R},\ P \in [0,1],\ z \in [0,1] \tag{9.28}$$

（2）网页的可信度。网页的可信度（Trust）是指用户对网页可以信赖的程度，是用户根据自己的经验，判断网页可以相信的程度。当前虚假信息充斥互联网，网页中的虚假消息、虚假广告、欺诈链接等，欺骗着互联网用户，使得互联网用户越来越渴求从搜索引擎得到真实可信的信息。因此，搜索引擎返回页面的可信度是评价搜索引擎的新标准。假设网页 $page_i$ 的可信度为 $Trust(page_i)$，

用户对网页的可信度临界值为 θ,那么只有满足:

$$Trust(page_i) \geqslant \theta \qquad (9.29)$$

网页才能为用户所相信。否则,当网页可信度不满足临界值时,网页中的信息需要用户警惕,同时可能标注为不可信网页。

(3) 网页的用户兴趣度。是衡量网页是否满足用户个性化需求的度量机制。用户兴趣度高,表明该网页更能满足用户的需求,并且具有潜在满足被用户点击的可能。那么搜索引擎可以优先返回这样的网页给用户。假设网页 $page_i$ 的兴趣度为 $Interest(page_i)$,用户对网页能接受的兴趣度为 δ,那么网页的兴趣度满足:

$$Interest(page_i) \geqslant \delta \qquad (9.30)$$

才能优先返回这些结果给用户。只要用户对网页存在兴趣,那么该网页就会成为潜在被用户点击的对象。

(4) 返回结果的是否适量。通常,当手机客户端使用 SIM 卡流量搜索时,在点击页面之前,用户可能考虑页面是否会都带来大量流量。从这个角度出发,如果搜索引擎能返回最适量结果,并且在返回结果之前判断网页是否带来大量流量,用户阅读网页是否能获得有用信息,网页内容是否容易理解等,那么搜索引擎就能返回更具有价值的网页给用户。因此,搜索引擎是否返回适量并且高质量的结果,也是评价搜索引擎的机制之一。

9.9　本章小结

本章对电子文献进行了界定和描述,同时给出了文献获取的常见途径。分析了搜索引擎常规的分类和组成模型,给出了并行快速爬取 Web 网页形成网页库的方法。探讨了在线文献搜索的一般过程与工作原理,包括用户搜索请求的输入方式和基于关键词匹配的全文搜索原理。为了获得更准确的搜索结果,分析了影响文献搜索方法准确度的关键问题,阐述了基于链接和基于内容的主流搜索引擎排序算法,重点研究了搜索引擎中的停止问题,指出搜索引擎返回结果过剩,会带来搜索引擎存储空间变大、用户流量增加、用户阅读时间耗费增加等问题,最后综合论述搜索引擎的评价机制,指出候选网页的可信度、用户兴趣度是未来搜索引擎评价的重要指标。

第 10 章
基于语法和语义结合的
源代码精确搜索方法

10.1　源代码搜索在代码复用上的需求

从第一个计算机软件诞生到今天,人类已经编写了大量的程序代码。如今不仅是企业,个人开发者也贡献了大量的代码积累。据源代码搜索引擎商 Open Hub 统计,2013 年平均每天有超过 30 000 名开发者,利用其引擎在超过 1 亿行的开源代码中开展代码搜索活动,这是因为在实际软件开发过程中,大量的程序不可避免地都在重复处理同样的问题或子问题。一般来说,开发软件的一个模块需要经过多道工序,假如每次开发都经历该流程,那么必然会存在大量重复的工作,耗费大量人力和时间成本。但是,Suresh 等指出软件开发的目的,就是为了在最短的时间内开发出高质量的软件。为此,开发者经常想要重用已存在的源代码,而非总是从起跑线上开始编写程序。

因此,源代码级的程序复用应运而生,这是一种目前较普遍的软件复用形式,无论是选择面向结构或是面向对象的软件开发方式都会涉及,且不管复用技术发展到什么程度,这种复用形式都会永远存在。根据复用对象的不同,软件复用有多种粒度,其中开源代码的复用是任何一个程序员或者企业都会经常进行的活动。程序编写的各个环节都存在可复用的源代码,尤其是在编码阶段。软件复用的目的是为了降低软件成本、有效提高软件的转化率和软件品质。为达到该目的,甚至已经提出了"基于软件复用技术的软件开发模式"。进行源代码复用的优点很多,复用已有的优质的开源代码从短期来看,能够节省大量测试和提升代码质量的时间,免去无谓的重复劳动,利用已有代码使得在短时间内构建出快速原型,获取用户对系统的反馈有了实现的可能。例如,下载复用 LAME MP3 解码器项目中的开源代码,并稍加个性化的定制,就能够实现一个功能优秀的 MP3 播放程序。从长远角度讲,有利于明确开发者的个人定位和经验的积累。以上这些软件复用的目的,最终可归结为一个统一的目标,即大幅提高软件项目的开发效率。

互联网的诞生使得信息的产生和传播速度达到了前所未有的水平,这一发展为开源代码的复用提供了绝佳的平台。与此同时,在信息爆炸的时代,永远不会缺少信息,而是信息太多,难以找准自己想要的信息。面对浩如烟海的开源代码资源,如何提供给开发者进行搜索成为一个关键问题。Brandt 等的研究显示:为了从海量的资源中发现需要的源代码,开发者平均需花费 19% 的编程时间搜索代码。为此,许多互联网企业都曾经或正在扮演开源代码的提供商的角色,或是提供代码搜索的产品,例如 Google、BlackDuck、Aragon 等。然而,目前传统的通用搜索技术依旧是实现开源代码搜索的主要方式。这种方式的原理是将源代码中的单词看作是一个个关键词,在搜索时也将用户的搜索请求语句拆分成若干关键词,通过关键词匹配确定搜索的结果。通用搜索虽然实现简单,但 Keong 等研究者在多份报告中指出:在实际搜索开源代码的过程中,即使返回的结果项很多,用户能够快速搜索到所需开源代码的概率是很小的。换言之,目前源代码搜索匹配的精确度还是很低的。为了解决开源代码爆发式增长与通用搜索不能实现精确搜索的矛盾,学术界开展了诸多的研究。

代码复用是任何一个软件企业都不能漠视的课题,代码复用对于软件开发者来说存在巨大的利益,因为复用已有的代码意味着开发人员可以节省许多对代码进行测试和提升代码质量的时间。在软件开发过程中,软件的每个部分几乎都包括可复用的代码块。例如,公司处理安全性的方式在整个应用程序甚至多个应用程序中可能都是一致的。如果开发人员能够精确重复使用现有源代码的话,软件开发效率会明显上升,因为他们并不需要实现新的功能,不需要额外的加入代码。随着开源代码的流行,开源代码库的数量的日益庞大,开源代码的数量可以说是不计其数。如此庞大基数的代码几乎包含了各个方面的代码,可以说很多的程序员正在写或者将要写的代码都是代码库里已有的代码,这就浪费了大量的人力、物力。因此,开源使得我们不仅可以通过使用 API 来实现代码的复用,而且几乎可以复用任何我们需要的代码。

很多人已经习惯解决某个具体问题前,先到网上查找一下是否有参考代码。如果有,直接拿来复用,将大大提高程序员的开发效率。例如,开发人员需要实现 quicksort,通常需要先考虑 quicksort 的算法思想,很有可能还需要先画个流程图,可能还要考虑如何实现,考虑数组边界问题,这些工作量无疑是巨大的。

但是,在开源库里有很多 quicksort 的实现,从开源库里可以迅速得到 quicksort 的实现,从而可以节省开发人员的大量时间。

程序编码效率是软件项目开发的生命。软件项目通常规模大,程序复杂性高,如何在预定时间和预算内完成开发,是项目成败的关键。但是,如果软件开发效率很低,既跟不上硬件的发展速度,也落后于用户的期待,那么软件危机就不能解决。为了解决上述问题,可从程序编码效率上寻求突破。据统计,程序编码在整个软件生命周期中占据了高达 37% 的时间成本和 40% 的人力成本,因而编码效率直接影响着软件的生产率,提高程序编码效率可以大幅度缩短软件项目的开发时间。

开源代码复用是提高软件开发效率的重要手段。软件复用包括知识方法复用、代码复用、标准和文档资料复用等。其中开源代码复用是最有效的形式,开源代码可以来自代码托管平台和开源社区等场所。复用代码依赖精准搜索引擎查找,据统计,SearchCode 开源库拥有超过 500 万个开源项目、180 亿行开源代码,目前搜索途径大都采用"基于关键词的搜索",虽然能够搜索所需要的源代码,但是返回结果太多,很难获取真正想要的源代码。因此,需要进一步探索精准搜索开源代码的新方法。事实上,程序代码之所以能够被计算机编译,必须满足一些规则和要求。程序代码的语法和语义信息就是可以被利用开展搜索的重要信息,通过这两方面的信息,可以唯一确定所需的源代码,从而可以设计基于语法和语义结合的精准搜索引擎。

据统计,新开发的软件项目中,约 80% 的源代码都可在以前的软件项目中找到,并进行复用。因此,应该站在巨人的肩膀上,在程序设计时尽量利用已有的源代码。目前传统的程序设计方法,能够利用同一项目中已经存在的函数、类、构件、库文件等,进行内部调用,但是如果超出了项目的范围,代码则不能复用。此时就需要智能搜索,除了提供快速检索、相关度排序等功能,还能提供用户输入内容的语义理解、智能信息过滤和主动推荐源代码等功能。在智能搜索的基础上,呼吁一种新的程序设计方法,即一种"基于搜索的程序设计方法",从程序设计哲学思想、逻辑理念、方法技术、过程实现等方面改善传统程序设计方法,其根本目的是提高软件开发效率。

10.2 传统源代码搜索的关键技术

从上述分析可知,开源对于软件行业的发展起到相当大的作用。然而,能够产生这种作用的一个很重要的前提是,用户能够迅速有效地找到自己所需的开源库。而源代码搜索技术就是用来解决该问题的一个关键技术。

10.2.1 基于字符串匹配的搜索技术

1. 基于关键词的搜索

对源代码搜索而言,目前绝大多数的解决方案可归类为两种:一是借助于开源代码搜索工具或平台,如 Github 或者 Sourceforge 等;二是借助于通用搜索引擎。二者都是基于关键词的搜索技术。

在基于关键词的搜索中,主要采用布尔搜索模型的搜索策略。在布尔搜索中,用户的查询请求用普通的自然语言叙述,即用户可完全按照自己的思维习惯提问。其中的查询请求(条件)A、B 等可以分别用若干个标引词来表示,接着可以用布尔逻辑算符"$\vee$""$\wedge$""$\neg$"将用户的提问"翻译"成计算机系统可以接受的形式。

一般用 tk 表示标引词序列,dkn 表示与 tk 有关的文献,则 $tk^* = \{dk1,$ $dk2, \cdots, dkn\}$ 就可以用来表示与标引词 tk 有关的文献全体组成的集合。令 $X(q)$ 表示关于查询 q 的检出文献,则

① $q = t$,$X(q) = t^*$

② $q = \neg t$,$X(q) = t^* = Dt^*$

③ $q = t1 \vee t2$,$X(q) = t1^* \bigcup t2^*$

④ $q = t1 \wedge t2$,$X(q) = t1^* \bigcap t2^*$

显然,布尔逻辑运算实际上就是集合之间的并、交、补运算,也就是说,布尔逻辑检索系统实际上是通过对若干个源代码文件集合(代码文件集 D 或 D 的子集)的并、交、补运算回答用户提问的。例如,提问式为"A and B",表示以词 A 检索出的代码文件集合与以词 B 检索出的代码文件集合进行集合交运算。然而,这种方法局限性较大,不能充分利用代码在语法结构、语义等方面的特性,也无法保证查询到的代码与用户查询完全相关。

2. 基于代码段的搜索

尽管基于关键词的搜索在一定程度上帮助程序员复用源代码,但是它还是会返回给用户数量巨大的搜索结果,其中包括很多用户并不需要的结果。这是由于基于关键词的搜索方法并未区分搜索的粒度,例如文件、类或者函数,而仅仅是将匹配到的所有结果返回给用户。特别当用户需要搜索一个小的函数或者代码片段的时候,用户往往需要花费大量的时间来过滤得到的结果。因此,代码

搜索技术需要根据用户需要返回不同粒度的结果。基于已复用代码的搜索技术，就是返回过去曾经复用过的代码片段，可以根据用户需求返回粒度较小的函数或者代码段。

基于已复用代码的搜索技术主要思想是，认为在过去复用过的代码很有可能会在将来再次被复用。在基于已复用代码的搜索技术中，返回给用户的结果是在过去被复用过的代码片段。该方法主要包括代码分析和代码搜索部分。代码分析部分探测将要被返回给用户重复代码片段集合。代码搜索部分返回给用户与他们输入相关的重复代码片段。在搜索代码之前，首先得建立一个存储重复代码片段的数据库。基于代码段的搜索方法的核心在于提取重复代码片段，目前重复代码检测方法主要有基于纯文本的方法、参数化匹配方法、基于语法树的方法等，也可采用基于声明的 Hash 索引算法，具体过程如图 10.1 所示。

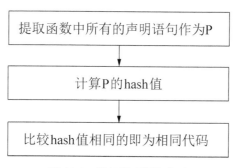

图 10.1 重复代码提取方法

基于代码段的搜索方法可以搜索得到更小粒度的程序片段，而不仅仅是代码文件，满足用户对于搜索代码段的需求。

3. 源代码即时录入即时搜索技术

据调查表明，现代软件项目开发过程中，开发人员经常需要参考 Web 上的代码搜索结果，以便学习新技术或者辅助开发工作。通常情况下，开发人员需要从 IDE 或者代码编辑器切换到网页浏览器，在某个代码搜索网站例如 Github 或者 SourceForge 上进行搜索，并且出现许多搜索结果，每个结果对应着一个链接，开发人员不得不一一打开链接，查看结果是否满足需求，如果符合需求的话，就将结果拷贝或者下载下来贴回 IDE 或者源代码编辑器。如果继续搜索的话，继续从 IDE 或者编辑器切换回去，如此反复，十分影响程序员的开发效率。因此，源代码实时录入实时搜索技术就能够帮助用户改善这种状况。

源代码即时录入即时搜索技术旨在及时找到与用户输入代码片段类似或者相同的代码段,并将其及时返回给用户,以帮助用户学习参考或者复用。源代码即时录入即时搜索并非是一种新的代码搜索技术,它根据用户在编辑器里的实时输入,以此作为一种用户查询请求,同时启动搜索,将和当前用户输入的代码类似的代码片段返回给用户,以便辅助用户进行程序设计。

10.2.2 基于语法的源代码搜索技术

1. 利用程序结构的搜索方法

与 Web 网页文件搜索相比,搜索程序代码文件有着自己的特点,不同语言的程序代码有着自己的语法,而在传统代码搜索中,只利用关键词进行搜索,忽略代码本身的特性。因此,学者们提出了基于程序结构的源代码搜索方法。

在结构化程序设计方法中,任何程序都可以用三种基本结构(顺序结构、分支结构、循环结构)来表示,也就是说程序是由这三种基本结构组合和嵌套构成的。因此,每个程序都有其程序结构,可以利用其程序结构辅助搜索。一方面,根据用户的查询输入,生成所需程序的结构特征向量,这些结构特征包括:顺序结构数、分支结构数、循环结构数等。另一方面,分析开源库中的源代码文件,得到程序结构的特征向量,并建立相应的数据库。同时,计算用户给出的特征向量和数据库里的特征向量的相似度,若两个向量的相似度达到某一阈值,则说明该向量对应的代码与用户所需的程序结构相似,将其返回给用户。

加州大学 Ossher 等人合作开发的源代码搜索引擎 Sourcerer,将源代码搜索从传统的基于关键词变为基于结构的搜索,其搜索界面包括 All、Components、Function、Fingerprints。其中 Fingerprints 是细节查询,用来指定代码的结构特征。Fingerprints 是一个 d 维向量,这个向量包含了声明的数量、循环的数量、条件语句的数量等,能够描述程序结构的特征数据,这允许使用诸如余弦距离等计算技术,计算用户所需的代码和开源库中的代码之间的相似度,从而返回用户相似度较高的代码。然而,这种利用程序结构的搜索方法也存在着一些问题:①用户搜索界面复杂,不符合简单、友好、通用的查询原则;②提供代码的结构信息,例如 if 语句的个数、switch 语句的个数,对精确定位目标代码帮助不大。

2. 利用控制流图的搜索方法

由于存在上述问题,使得基于程序结构的代码搜索结果并不是很精确,所以研究人员提出了利用控制流图辅助搜索方法。众所周知,在结构化程序设计方法中,程序是一系列过程的集合,而控制流图是表示一个过程内,所有基本块执行的可能流向和每个基本块所对应的语句表,控制流图能充分反映一个过程的实际执行步骤。因此,利用控制流图来辅助搜索可以帮助提高精确度。

在该搜索方法中,每个源代码由一个控制流图来表达,每一个结点表示一个基本块。利用从用户输入得到的查询请求信息,系统生成一个控制流图,如果两个控制流图是同构的,则可以认为该控制流图对应的代码即为用户想要搜索的结果。例如,图 10.2 中的代码可以生成相应的控制流图。

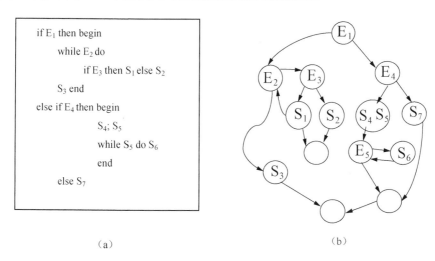

（a）　　　　　　　　　　　　　　　　（b）

图 10.2　源代码和对应的控制流图

但是,在利用控制流图的搜索方法中,用户需要输入一个控制流图,这无疑加重了用户的使用负担,如何根据用户简单的输入自动生成控制流图值得进一步研究。

3. 利用程序语法树的搜索方法

虽然可以利用程序结构进行程序代码搜索,然而 Sourcerer 等搜索引擎只是简单粗糙地利用程序结构信息,例如 if 语句的个数、for 循环结构的个数等,利用这些信息能使得搜索结果稍微精确一点,但是并没有深入全面地利用语法信息来辅助代码搜索,可以进一步利用程序语法树来辅助代码搜索。

语法树是程序代码的树状表示,它是形式化、规范化的程序结构表示,是程序设计者思想的形式化表示,比源程序具有更低的层次。利用程序代码的语法树信息进行代码搜索,主要是基于以下考虑:语法树是程序编译或者解释过程中的一个中间数据结构,处于源代码和中间语言代码之间。源代码太具体,中间语言代码又过于抽象,语法树正好介于二者之间,能够形象地抽象出程序的结构信息,为代码的搜索提供更加准确、全面的信息。例如以下代码:

```
while (b! =0){
    if (a>b)
      a = a−b;
    else
        b = b−a;
};
return a;
```

这段代码对应的语法树如图 10.3 所示。

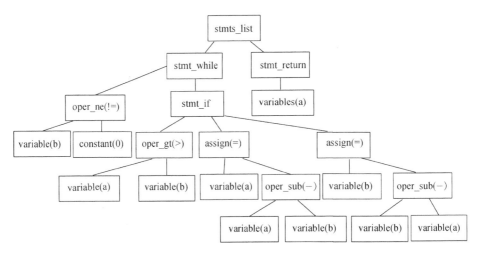

图 10.3　程序代码的语法树

10.2.3　基于语义的源代码搜索技术

1. 利用软件功能需求的源代码搜索方法

基于关键词的搜索方法并不能很好地利用程序代码本身的特点,并且关键词并不能全面代表用户所需代码功能,代码搜索结果的准确性很大程度上依赖于用户对于他们所需代码功能的概括能力,甚至很多搜索结果与用户所需的功能完全不相关。因此,研究人员提出了将功能需求详细描述出来,基于功能需求进行源代码搜索。

1998 年,夏威夷大学的 Woods 等人提出了基于功能需求的代码搜索方法,通过建立代码的抽象数据描述来建立索引,之后通过一种需求描述(Plan)语言来描述软件的功能需求。通过需求描述语言对功能需求的详细描述,可以全面得到各个功能的具体实现方式。代码搜索引擎将该需求描述和代码库里的抽象数据描述进行匹配,得到匹配到的代码,通过一定的排序和过滤方式,实现了基于需求的源代码搜索方法。但是,该搜索方法的用户查询请求输入比较繁杂,需要用户给出各个过程的实现方法,使用起来会比较麻烦。

2. 基于测试的源代码搜索方法

基于测试的源代码搜索方法(TDCS)是以测试用例作为用户搜索的输入来进行搜索的一种源代码搜索方法。由于测试用例可以用来描述系统中缺失的特征,所以测试用例对于代码搜索来说能够提供更多的语义信息,也会让代码搜索结果更加准确。

TDCS 确保测试用例描述了要被搜索的代码特征,图 10.4 中描述了 TDCS 的搜索过程。在 TDCS 中,测试用例被设计用来描述系统中缺失的特征。之后,开发人员通过测试用例来搜索结果,该方法会根据测试用例来构造出用户的查询输入,根据该查询输入在开源库中进行搜索,然后将搜索得到的结果编织进用户自己的程序代码中。

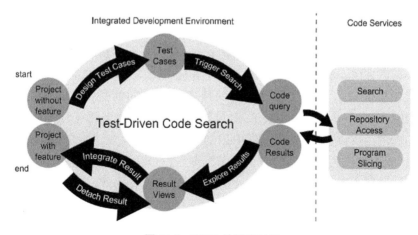

图 10.4 TDCS 的搜索过程

Eclipse 的一个插件 CodeGenie 实现了基于测试用例的搜索方法。CodeGenie 的用户查询主要包括三个部分:①用户希望找到的函数名称;②方法

的返回类型;③函数的参数类型。例如,在用户的软件项目中,编写了如下一段程序:

```
public class RomanTest {
@Test
    public void testRoman1() {
        assertEquals("trevni", Util.invert("invert"));
    }
}
```

其中根据 assertEquals("trevni", Util.invert("invert") 这个测试用例,CodeGenie 构造的用户查询如下:

Fqn_contents:(invert)

M_ret_type_contents:(String)

M_sig_args_sname:(String)

上述三行代码的含义是,寻找一个函数包含 invert,并且返回值和函数参数值都是 String 类型的程序代码。CodeGenie 根据测试用例构造出上述的用户查询,通过搜索得到满足要求的函数,然后通过 CodeGenie 可以选择将搜索到的源代码插入到自己的软件项目中。

3. 基于输入输出的源代码搜索方法

基于关键词的源代码搜索方法往往依赖于程序员在一大堆的搜索返回结果中找到真正需要的高质量代码,往往还需要手工过滤掉许多不相关的匹配。针对这个问题,目前有许多改进方法。Kathryn 提出了一种新的、基于输入输出的源代码搜索方法。利用该方法,程序设计者只需编写轻量级的需求描述来定义代码段期望的输入和输出。与现有的搜索方法不同的是,该方法利用 SMT(Satisfiability Modulo Theories),对设计者提供的描述采用符号分析,自动转换为匹配的约束,从而在代码仓库中识别程序或程序片段。整套方法的核心在于:对代码仓库在独立于用户查询的情况下,进行离线的信息索引,将程序的语义与描述其行为的约束进行映射。以 Java 的 String 库为例,现需查找"从 Email 地址中提出别名"的源代码时,输入可以形如"Susie@mail.com",输出则为"susie",搜索得到的相关的代码为

s1. int upper = input.indexOf('@');

s2. String output = input.substring(0, upper);

而存储的约束为

c1. (assert (input.charAt(upper) = '@') $\vee$ (upper= -1)))

c2. (assert (for(0$\leqslant$ i $<$ upper) input.charAt(i) = '@'))

c3. (assert (for(0$\leqslant$ i $<$ upper) output.charAt(i) = input.charAt(i)))

约束 c1 和 c2 代表第一行的源代码 s1。约束 c1 将 upper 定义为 input 中 "@"的位置或者是-1。c2 则按 java.lang.String 中 indexOf 方法的语义,断言了 upper 是 input 中第一个"@"的索引。约束 c3 代表了第二行源代码 s2,按照 java.lang.String 中 substring 方法的语义,断言了 input 和 output 的第 0 个到第 upper 个字符是完全匹配的。

有了用户定义的输入输出以及代码仓库后,搜索过程便可进行。第一个阶段将把输入输出转换为附加约束。对于上述的例子而言,可以得到:

c4. (assert (input = "susie@mail.com"))

c5. (assert (output = "susie"))

第二个阶段将输入输出的约束与代码仓库中程序的索引一一匹配,使用 SMT 求解返回满足条件的匹配项。在提取 Email 别名例子中,结合编码后的代码约束(c1 $\wedge$ c2 $\wedge$ c3)和编码后的输入输出约束(c4 $\wedge$ c5),SMT 求解程序将返回结果。如果返回结果过多,则会要求用户追加输入输出对。反之,搜索引擎将相近的代码一并列出给用户。

10.2.4 其他源代码搜索方法

1. 利用程序员行为辅助搜索

程序员始终是软件开发活动的主体,无论哪种源代码搜索方法,都离不开程序员的参与,对程序员习惯进行调查有助于改进搜索方法和搜索体验。关于程序员对程序的理解,现有各种模型,例如自上而下模型、自下而上模型、综合模型等。这些模型着重于描述程序员对程序的心理表征和认知过程以及形成这个心理表征的信息结构。这些模型和理论已用于现有搜索工具的设计中。通过研究程序员习惯可知,程序员的搜索活动细节能够辅助源代码搜索技术,帮助解决程序员搜索代码面临的困难。例如沈玲等人对于程序员搜索习惯的研究中,发现程序员一般搜索范围都很广,产生很多不相关的结果,因而经常继续通过略读来寻找相关的信息。基于他们的观察,如果能在返回结果中包含上下文的信息将是非常有价值的。因此,在代码搜索时,如果能在搜索结果中,提供上下文的信息,这将能让程序员更快地做出是否相关的判断。

2. 基于语法结构和输入输出的搜索方法

要提高源代码搜索的精度,不仅要从代码中字符串含义入手,还要挖掘代码的功能结构和语义信息,这也是当前代码搜索的难点。通过分析语法树和代码的输入输出可以提供非常丰富的信息,进而提高代码搜索的精度,由此产生了结合语法结构和输入输出的搜索方法。该方法通过分析语法树得到代码的逻辑结构特征,通过分析源代码的输入和输出信息得到程序的语义功能。将语法和语义信息结合起来,可以提高搜索的精度。该方法结合了语法和语义信息,为代码搜索方法提供了新的思路。

3. 基于模型的搜索方法

模型是所研究的系统、过程、事物或概念的一种抽象表达形式。建模理论也可以用于开源代码的搜索,将用户的搜索输入请求模型化,便于将其需求结构化。典型的程序代码文件一般分为几大部分:一是宏定义、构造函数、析构函数的定义;二是类、结构体的定义;三是函数、方法的定义;四是变量、枚举、自定义类型等的声明。普通的搜索引擎只关注关键词的匹配,却不关心其出现的位置。基于模型搜索的原理是:在用户输入查询请求的阶段,明确用户具体的需求,即按照代码组成的模型,限定关键词的范围属于上述四大部分的某一部分,因此搜索返回的结果自然会更为精确一些。

10.3   源代码的语法和语义在搜索中的作用

源代码是一段按照某个程序设计语言规范编写的字符串文本,因此反映了该语言的特征。记源代码 L 为一个三元组:$L = (T, G, S)$,其中 T 是整个源代码的文本,G 是文本的语法规则,S 是文本的语义规则。下面以 C 语言为举例对象,说明源代码语法和语义的客观性和唯一性。

10.3.1   语法的客观性

关于语法,首先可以从自然语言说起。自然语言是指人类用来交流、接收和传递信息的字符串。由于人类个体性的差异,为了确保某个区域内人与人之间信息交换的顺畅进行,必须遵守相同的一组规则,并在这组规则下组织语言。这种规则具体可以是汉语规则、英语规则等。程序设计语言同样可以类比自然语言,为了使计算机能够识别输入的源代码字符串,必须对字符串的组成制定规则,这都属于语法的范畴。

所谓语法,就是指一组规则,用其能够形成和产生一个计算机程序。这组规则中包括了单词符号的形成规则以及如何从单词符号形成表达式、语句、函数等语言规则。假设 t 是程序设计语言源代码中的某一语句,则语法的客观性体现在:对 $\forall t (t \in T \Rightarrow \exists! \ f(x) \wedge f(t) \in G)$,其中 f 是从单词符号串到语言规则的映射,也就是说每一条语句都能确定它对应的语言规则。映射 f 可以利用 BNF 范式等多种形式进行描述。幸运的是,仅仅几十条的 BNF 规则就可以描述所有 C 语言的源代码。例如 C 语言的赋值语句就可以表示为如下的 BNF 范式,通过它就能客观确定所有赋值语句的操作。

⟨assignment_exp⟩ ::= ⟨conditional_exp⟩ | ⟨unary_exp⟩⟨assignment_operator⟩⟨assignment_exp⟩;

⟨assignment_operator⟩ ::= ′=′ | ′*=′ | ′/=′ | ′%=′ | ′+=′ | ′−=′ | ′<<=′ | ′>>=′ | ′&=′ | ′^=′ | ′|=′

10.3.2　语义的客观性

源代码的语义是指能够用其定义源代码执行后的功能和意义的一组规则,其中有些语义是在源代码编写完毕后,执行前就可以确定的,例如变量的初值、每行源代码所代表的操作。也有些语句代码在程序动态执行时才能确定相应的语义,例如某个时刻所有变量的值、程序的输出等。这两方面的语义都可以包含在源代码的操作语义、指称语义、公理语义之中。语义的客观性可以从源代码的功能、正确性等方面体现。下面继续以赋值语句为例来说明,例如执行 "$X = 5$" 这条赋值语句,就可以用操作语义 "$< X := 5, \sigma > \rightarrow \sigma'$" 表示,其中 σ 表示的是状态函数,σ' 表示执行完赋值命令后的终态。执行 1 到 100 整数求和操作的语义正确性可以借助以下公理:"$S := 0; N := 1 \{ S = 0 \wedge N = 1 \}(while \rightarrow (N = 101) \ do \ S := S + N; N := N + 1)$" 验证。

10.3.3　语法和语义的唯一性

每一个人在世上都是唯一的,在思想、性格、行为等方面多少会有不同于他人的特质,也就是具有个性。由于个性的差异对于同一件事不同人有全然不同的处理方式。例如到达同一个目的地会选择不同的出行方式;面对同样的题目能够写出不同的文章。与之相似,达到同样的目的,不同的程序员会有全然不同的编写源代码的方式,编写出的每条语句都可能不一样。源代码这种唯一性也会传递到其中蕴涵的语法和语义信息中。如果存在不同人写出的两段格式、变量、算法都一样的源代码,那就无异于忽略了人的个性因素。

10.3.4 语法和语义在源代码搜索中的用途

源代码语法和语义的客观性和唯一性,对于源代码的搜索有很大的帮助。如果用符号化表示的话,设 T_1、T_2 是两段源代码文本,$G, S(X)$ 是对 X 进行语法和语义分析后的结果,那么有:$G, S(T_1) = G, S(T_2) \rightarrow T_1 = T_2$,其中 $X \in$ 任意的源代码文本串。换言之,对任意的源代码都可以分析其蕴涵的语法和语义信息,通过这两方面的信息,可以唯一确定所需的源代码。因此,通过语法和语义信息来搜索源代码,理论上是可行的,所要做的工作就是设计一套切实可行的方法表达和分析这些信息,作为搜索引擎的支撑。

10.4 用户搜索录入需求意愿的语法语义表述

10.4.1 用户搜索请求表达的困难性

虽然源代码的语法和语义具有客观性与唯一性,但正如人往往很难仅依靠语言或者文字表达自己的需求一样,对于某时某刻需要什么样的源代码,搜索者也是很难完全清楚地描述出来。在搜索请求录入时,由于交互方式的局限,关键词是一种为数不多的对文本信息的检索手段,因此现今用户往往是采取录入关键词的方式提交搜索请求。单纯的关键词无法对问题精准描述,却又找不到比之更简单有效的方法,这正是目前用户表达搜索请求的困难和困惑之处。

10.4.2 关键词搜索的特性分析

传统的利用关键词对所需源代码进行搜索,依靠的是关键词中对语法和语义信息的部分表达,是模糊不完整的。既然用户不能准确提炼出与所需源代码密切相关的关键词,依靠关键词也多半不能获取相关的源代码。例如 $K = \{k_1, k_2, \cdots, k_n\}$ 是在搜索某一源代码时的一组关键词,R_s 为对应的结果,R_e 为用户期望的结果,C 为阈值常量,则 $\exists K((\text{Input}(K) \Rightarrow |R_s|) \wedge (|R_s| \cap |R_e| < C))$,且只是在不区分输入顺序的情况下返回 n 个关键词的并集,这便暴露了传统关键词搜索的不精确性。进而,如果能在搜索时考虑到关键词出现的

位置及顺序,以区分关键词的重要程度,结合客观的语法和语义,那么这种改进后的搜索将能大幅提升搜索的精准度。

10.4.3　语法和语义搜索请求的表达方法

仅凭关键词搜索源代码依然难以表达用户需求,搜索往往不精确,应当增加一些搜索请求的表达方式,以便用户提供尽可能多的意愿信息。下面阐述一种将语法、语义、关键词三者结合用于源代码搜索的方法,其中关键词搜索的形式用户经常接触,不需要另行设计,而用户对语法和语义的搜索表达形式则需特别交代。

源代码的语法信息包括很多,可以选择结构信息用以描述源代码语法。语法结构的表现方法依然很多,需要综合考虑方法的完备性和形式上的简便性,并且适合用户录入。诸如抽象语法树等都是在源代码语法分析阶段一一对应生成的,表示的结构信息完备且不存在二义性,但是图的结构使其注定不满足方便用户录入的要求。因此,可以采取一种折中的方法,仅将源代码中分支和循环结构的描述,作为用户录入的语法请求表达。至此,用户的请求可以分为两种情形。第一种情形下用户清楚所需函数源代码的语法结构及顺序,此时可通过定义符号 "$c:()$" 表示一个分支结构,"$l:()$" 表示一个循环结构。用户录入这两个符号的先后及嵌套顺序就代表了源代码中分支和循环的组成。例如,请求 "$l:(c:())$" 就表示先出现循环,然后其中嵌套一个分支;"$l:()c:()$" 表示循环后跟随一个分支,而 "$c:()l:()$" 表示分支后跟随一个循环。第二种情形下用户只能描述每种结构出现的数目,则可以通过分别录入分支、循环等结构的数目,来搜索所需的源代码。这种以分支和循环结构作为源代码语法特征的方式,虽然不如语法树那样完备,例如无法表示代码中的递归结构,但是无论是这两种结构的数目,还是出现的顺序及嵌套关系,都能辅助过滤过大量无关代码,是一种利用少量语法信息描述尽可能达到精确搜索的简便之策。

源代码的语义信息同样种类繁多,可以将代码的 "输入/输出" 功能语义作为让用户录入的语义信息。这里的 "输入/输出" 是指程序段或函数参数列表的变量,对这些变量的读/写通常反映的是该函数构成的源代码的功能意图。类似于语法结构的用户表达,在录入语义搜索的意愿时,用户可以录入预定义的语义文本串来描述 "输入/输出" 中的参数名称与类型,例如定义语义录入的形式为 "$itype_1\ iname_1,\ itype_2\ iname_2,\ \cdots;\ otype\ oname$",其中分号左侧为函数的输入参数列表,右侧为函数的返回参数,type 为"输入/输出"的参数类型,name 为"输入/输出"的参数名。此外,当参数为空时,规定 type 和 name 均为 void。这样的定义不仅在形式上全面直观体现出函数源代码"输入/输出"的语义,对于用户录入搜索请求时也不会带来额外的困扰。总之"输入/输出"参数的名称、类型、顺序和数目看作是"输入/输出"语义重要特征,这些都可作为语义匹配的重要依据。

10.4.4 用户搜索录入需求操作界面

根据上节的讨论,可以设计出图 10.5 所示的界面,等待用户输入源代码搜索请求。按提示录入了对所需源代码的描述后,三个输入框中的文本,分别记作 kquery、squery 和 ioquery,它们就构成了用户搜索请求的表达语句 query。下一步的工作是利用用户在此提交的各项请求表达,分析源代码仓库中对应的信息,并按特定方法进行匹配。

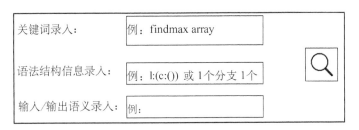

关键词录入:　例:findmax array

语法结构信息录入:　例:l:(c:()) 或1个分支1个

输入/输出语义录入:　例:

图 10.5 搜索请求录入界面

10.5 语法和语义结合的源代码精准搜索方法

10.5.1 语法结构的分析

在 10.4 节中已然明确了用户借助"$c:()$"和"$l:()$"两种符号表示所需源代码语法结构的意愿,那么在寻找匹配时,对于目标源代码,分析其中的分支和循环结构,形成同样用上述两种表达的文本串,根据每种结构的数目或嵌套关系判断是否与用户所需相符,便成为一种自然而然的合理思想。为了实现语法结构的分析与匹配,下面以分析一段 C 语言编写的函数源代码为例,阐明具体的算法思想,伪代码如下:

算法 10.1：语法结构信息分析匹配算法

输入：语法信息搜索意愿 *squery*，一段函数的源代码文件 *one_src_file*；

输出：源代码文件是否语法结构匹配 True/False；

syntaxStructMatch(*squery, one_src_file*)

```
{    if (isEmpty(squery))
         return True;                    //请求为空时直接返回"匹配"
     condition ← {"if", "else", "case", ...};        //分支结构保留字
     loop ← {"for", "do", "while", ...};             //循环结构保留字
     nest ← {"{", "}", ...};                         //结构嵌套保留字
     text ← readSourceCode(one_src_file);
     struct ← geneStructString(text, condition, loop, nest);
                             //构造用10.4节两种符号表达的语法结构串
     if (squery = struct)        //源代码文件与用户语法搜索意愿相同
         return True;                    //语法结构匹配
     if (sameCount(squery, struct))    //录入的分支、循环的数目与目标相同
         return True;                    //近似认为语法结构匹配
     else
         return False;                   //语法结构不匹配
}
```

为了形象展现算法 10.1 的思想，举例说明如下：假设用户录入为"1：(1：(1：()))"，那么有且仅有三重循环结构（不包含分支结构）的源代码的分析结果同样为"1：(1：(1：()))"，即宣告搜索匹配成功。若录入的只是结构的数目，即"0 个分支，3 个循环"，则除了第一种情况外的代码，函数体中有且仅有三次循环的源代码（不包含分支结构）也会被判定为匹配，这在实际搜索过程中可能也是合理的。

10.5.2　"输入/输出"语义的分析

在 10.4 节中同样明确了用户借助预定义的文本串表示所需源代码"输入/输出"语义的意愿，因此理论上可以采取与 10.5.1 节相似的分析匹配策略，即将目标函数源代码的语义同样用文本串表示后，判别与用户录入的是否相等来判定匹配的成功与否。不过这种方式对于语义分析来说过于武断，因为完全可能存在以下的情况：即便两个函数参数列表中的参数名与参数顺序有所区别，它们所表示的"输入/输出"语义也可以是相同的，因为这不影响函数体的实现。为了更准确地表示请求意愿与目标源代码语义的匹配程度，就此引入"输入/输出"的

匹配度 *degree*，作为匹配的中间结果，并将其与函数名中的词语、参数列表中的变量名等因素综合起来，通过进一步的匹配才是更为谨慎的方法。源代码的函数名与参数列表的分析较为简单，此处不再赘述。对于匹配度 *degree* 的定义，可以先令用户录入的语义中包含的参数数目为 $c_{ioquery}$，源代码中包含的参数数目为 c_{inout}，请求与源代码语义串中名称或类型相同的参数数目为 u，名称的出现位次一致的参数数目为 n，类型的出现位次一致的参数数目为 t，则 $degree = \dfrac{u \times (n+t)}{2 \times c_{ioquery} \times c_{inout}}$，相应算法的伪代码如下：

算法 10.2："输入/输出"的语义信息分析匹配算法

输入：语义信息搜索录入 *ioquery*，一段函数的源代码文件 *one_src_file*；

输出：函数名 *Fname*，参数名 *Pname*，匹配度 *degree*；

inoutMatch(*ioquery, one_src_file*)

```
{   line ← readDefineLine(one_src_file);              //读取函数定义行
    Fname ← wordSegment(line);                        //分词后的函数名
    text ← readSourceCode(one_src_file);
    < Itype, Iname, otype, oname >← getParaInfo(line, text);  //获取函数"输入/输出"参
        数的类型和名称
    if (isEmpty(ioquery))
        degree ← 0;                                   //语义录入为空，degree为0
    else
    {   inout ← geneInoutString(Itype, Iname, otype, oname);  //构造同10.4节用户语义
        请求形式的语义串
```

$$degree \leftarrow \frac{u_{(ioquery,inout)} \times (n_{(ioquery,inout)} + t_{(ioquery,inout)})}{2 \times c_{ioquery} \times c_{inout}};$$ //计算匹配度

```
    }
    Pname ← Iname + {oname};
    return Fname, Pname, degree;
}
```

例如，用户的语义录入为"int x, double y；bool z"，而目标源代码的语义串通过提取为"byte x, double$y$；bool z"，那么经算法 10.2 分析后，$c_{ioquery} = c_{inout} = 3$，$u = 2$(double y 和 bool z)，$n = 3$(x，y 和 z)，$t = 2$(double 和 bool)，$degree = 5/9$。

10.5.3 关键词兼容匹配及可信度的计算

在计算源代码可信度时，除了兼容关键词信息，同时会利用到算法 10.2 所

返回的三方面有关的语义信息。计算匹配可信度时还需要用到三个额外的变量:① *fscore* 是通过找出经分词等预处理后,用户录入请求关键词和函数名中的公有单词,将这些单词在两者中的出现位次作为向量每一维的值,构造成两个向量,计算相似度而得的,视为录入关键词和源代码函数名的匹配得分;② *pscore* 是录入关键词和源代码参数名的匹配得分,利用分词后的用户录入关键词、"输入/输出"参数名和两者的公共单词,构造两个向量,计算相似度而得到的;③ *score* 则是总的可信度得分,其计算通过 *fscore* 和 *pscore*、常用的 TF-IDF 关键词全文匹配度计算方法以及算法 10.2 共同求得的语义匹配度 *degree*,四者加权求和构成,这是一种将多方位的有效信息充分合理利用的手段。关键词兼容匹配及可信度计算算法的伪代码如下:

算法 10.3:可信度计算算法

输入: 录入的请求关键词 *kquery*,代码文件 *one_src_file*, *Fname*, *Pname*, *degree*;

输出: *one_src_file* 的可信度 *score*;

trustedScore(*kquery*, *one_src_file*, *Fname*, *Pname*, *degree*)

```
{    if (isEmpty(kquery))                        //关键词搜索请求为空
     {    fscore ← 0, pscore ← 0;
     }
     else
     {    Words ← wordSegment(kquery);       //析取出多个关键词
          Fwords ← {f | f ∈ Words ∩ Fname};  //函数名公共及匹配的单词集合
          Pwords ← {p | p ∈ Words ∩ Pname};  //参数公共及匹配的单词集合
          if (|Fwords| = 1)
```
$$fscore \leftarrow \frac{1}{|Words|};$$
```
          else
```
$$fscore \leftarrow findSimilarity(Words, Fname, Fwords); //计算匹配得分$$
```
          if (|Pwords| = 1)
```
$$pscore \leftarrow \frac{1}{|Words|};$$
```
          else
```
$$pscore \leftarrow findSimilarity(Words, Pname, Pwords); //计算匹配得分$$
```
     }
     score ← α1 × fscore + α2 × pscore + α3 × tf_idf(Words, one_src_file) + α4 ×
```
degree;

　　// tf_idf() 为传统关键词全文匹配度计算算法

```
     return score;
}
```

10.5.4 语法与语义结合的搜索精化算法

从 10.5.1 节—10.5.3 节分别讨论了对于语法、语义和关键词三种信息的匹配方法,那么在搜索源代码时,就应该充分利用用户所提供的这些信息,制订出源代码精准搜索的一套流程。整个源代码精准搜索的过程如下:①首先接收用户的搜索意愿,进行预处理,分别形成对应的规范格式。②进行语法结构的精确匹配,因为源代码语法结构信息可以精确获取,所以可以精确匹配用户的语法要求,只有语法结构完全符合用户搜索时录入的语法要求,这样的源代码才是有效的。当用户搜索时提供的语法要求为"空"时,则认为任何源代码都有效。一旦语法匹配失败,则此次源代码搜索匹配终止。③进行语义近似匹配,正如10.5.2 节所述,源代码的语义信息很难精确理解,因此只能用语义匹配度来近似。可以通过分析源代码隐含的输入、输出变量特征,比较匹配用户搜索时录入的"输入/输出"请求信息,计算语义匹配度。④进行关键词兼容匹配,获得本次搜索源代码的可信度数值,为源代码搜索结果的排序提供依据。关键词匹配过程一方面利用第②、第③步语法、语义匹配的结果,提高了搜索的精度,另一方面也可兼顾传统搜索引擎的方法。⑤重复第②至第④步,直至搜索到了规定上限的源代码文件数,将可信度高的源代码文件排在前面,搜索结束。

用户通过图 10.5 界面录入了搜索表达式后,根据上面所述的匹配过程,利用下面的算法 10.4,即可更精确地返回满足用户需求的函数源代码,算法对应的伪代码如下:

算法 10.4:搜索精化算法
输入:用户录入搜索意愿*query*, 待搜索的源代码库*src_code_db*, 限制搜索的代码文件个数*n_max*;
输出:符合条件的函数源代码文件集合*Ok_files*;

```
searchRefine(query, src_code_db, n_max)
{   Rfiles ← ∅, Rscores ← ∅;          //记录待排序文件及得分的有序集
    searchCount ← 0;                  //已搜索的次数
    kquery ← getKquery(query);        //获取预处理后的关键词
    squery ← getSquery(query);        //获取录入的语法表达式
    ioquery ← getIOquery(query);      //获取录入的语义表达式
    if (isEmpty(query))               //用户请求录入全空
```

```
{    Ok_files ← random(src_code_db, n_max);  //随机返回若干文件
     return Ok_files;
}
while (one_src_file ← nextFile(src_code_db)) ∧ (searchCount ≤ n_max)
{    if (syntaxStructMatch(ioquery, one_src_file)) //算法 10.1 语法结构分析匹配
     {    < Fname, Pname, degree > ← inoutMatch(ioquery, one_src_file);
          //算法 10.2 语义信息分析匹配
          Rscores ← Rscores +
          trustedScore(kquery, one_src_file, Fname, Pname, degree);
          //算法 10.3 可信度计算
          Rfiles ← Rfiles + {one_src_file};     //记录对应的文件
     }
     searchCount ← searchCount + 1;
}
Ok_files ← sortByScore(Rfiles, Rscores); //可信度降序返回源代码结果集
return Ok_files;
}
```

10.6　实例分析

为了验证语法和语义结合方法对于提升源代码搜索精准度的有效性,设计以下实验。实验的硬件环境是一台单节点服务器,它的处理器为 24 核,每核 2.40GHz 的 Intel Xeon E5-2620 CPU,拥有 128GB 内存,5TB 硬盘。在软件方面,编写了实现本章所有算法的 Java 程序,接收用户的语法、语义和关键词录入请求,将用户的关键词请求转发到 SearchCode 源代码搜索引擎,下载其前 100 项结果对应的源代码文件到本地,以函数为粒度拆分后进一步在该程序内进行二次搜索排序,并在最后以函数代码为粒度返回结果。

选取五种 C 语言编程中常见的算法需求作为实验的用例,列在表 10.1 中。实验分为两组:第一组在 SearchCode 引擎中录入表 10.1 的关键词一列进行搜索;第二组使用本节编写的程序,除了利用相同的关键词,同时加入每个算法用例可能包含的语法结构和"输入/输出"语义的描述信息。实验时涉及算法 10.4

中的权值设置,此处依据经验设置为 $(\alpha_1, \alpha_2, \alpha_3, \alpha_4) = (0.3, 0.15, 0.25, 0.3)$,并限制搜索返回的代码个数 n_max 为 100。对于两组实验的返回结果,通过统计首条与搜索请求相关结果的排名,并对五次搜索的平均 MRR 进行计算,来衡量搜索的精准程度。

表 10.1　搜索实验用例

序号	用例描述	录入信息		
		关键词	语法	语义
1	对整型数组的冒泡排序	bubbleSort array	l:(l:(c:()))	int *data, int size; void void
2	判断一个数是否为素数	isPrime	l:(c())	int num; bool result
3	删除单链表指定的节点	delete linklist node	l:(c())	linklist list, int loc; void void
4	迪杰斯特拉算法	dijkstra distance	不录入	graph g, int nodeNum; void void
5	KMP 模式匹配算法	kmp match pattern	不录入	string srcstr, string findstr; int pos

图 10.6 为各个搜索用例首条相关结果排名的柱状图。可以看出,相较于用 SearchCode 原始搜索的第一组、第二组中有 4 个用例的首条相关结果的排名更靠前,1 个用例排名持平。分别记两组的 MRR 为 MRR(Q_1) 和 MRR(Q_2),通过图 10.6 的排名计算可得 MRR(Q_1)=0.3785,MRR(Q_2)=0.6167。实验结果表明本章算法对该指标有超过六成的提升,达到 62.93%。

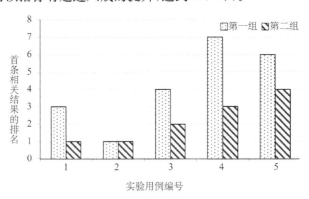

图 10.6　搜索实验的排名结果

进一步以用例 1 为例,列出第二组实验中返回的前十项函数代码结果,计算得到的可信度以及其用 SearchCode 搜索的原始排名(通过在 SearhCode 搜索页面录入关键词,并筛选出 C 语言源代码后获得),实验结果数据如表 10.2 所示。

表 10.2　第二组测试中用例 1 的详细结果

测试排名	返回的源代码函数	可信度 score	原始排名
1	void bubble_sort(int * array, int size)	0.7792	18
2	void bubbleSort(int s[], int size)	0.5292	25
3	void bubblesort(int array[])	0.4057	11
4	void bubbleSort(int numbers[], int array_size)	0.3847	5
5	int bubbleSort(int a[], int size)	0.3670	24
6	void bubblesort(int numbers[])	0.3224	4
7	void bubblesort(int a[], int n)	0.3223	32
8	void bubble_srt(int a[], int n)	0.2890	3
9	void bubble(int v[], int n)	0.2070	43
10	void bubsort(int v[], int n)	0.2056	8

经过统计分析,排名前十的结果中只有四项结果同样在 SearchCode 搜索中排在前十,其余都是原先排名靠后的结果。但是,通过分析这些结果的源代码发现,它们的确都是和用户搜索需求高度匹配的,反而是在原始排名的前十项中包含了与用户意愿无关的信息。精准度之所以被提升的原因是:第一组实验是在 SearchCode 引擎中直接录入关键词所得的。第二组实验在关键词的基础上加入了语法和语义方面的搜索意愿,有了这两方意愿匹配的先决保证,结合上关键词的方法则改善了搜索精准度。这就充分说明,利用了源代码语法、语义信息搜索得到的结果的确更为准确可信。

10.7　本章小结

本章分析了源代码搜索在程序代码复用上的需求,全面综述了现有的源代码搜索技术,针对目前存在的不足,提出了一种基于语法和语义结合的源代码精确搜索方法。首先依据源代码语法语义的客观性和唯一性,增加语法结构和"输入/输出"语义作为用户录入搜索意愿的一部分,并规范了具体的请求格式;然后在此基础上分别设计源代码语法匹配算法、"输入/输出"语义匹配算法、关键词兼容匹配以及源代码搜索结果可信度计算算法;最后综合上述算法实现对源代码的精准搜索。实验分析表明,本章提出的方法与单纯的关键词搜索相比,搜索精准度有明显的提升。

第 11 章
基于可信语义深度学习的
文本精准搜索方法

11.1 深度学习在文献语义挖掘中的应用

近年来,深度学习技术在文本挖掘、语音处理和图像识别等领域取得了巨大成功,特别是在文本语义挖掘方面,深度学习技术比传统的文本向量空间建模分析、文本主题分析等表现出了明显的优越性。Li 等人使用深度学习技术对文本中存在的因果关系进行抽取,用三个数据集验证了该方法对关系提取的效果优于当前最好的模型。Song 等人结合纯依赖和深度学习方法,提取了文本中的多粒度语义信息来分类文本中的语句,得到了较高的准确率。Cheng 等人通过深度学习神经网络,捕获了文本语句中词语的局部上下文特征和全局序列特性,在处理中文微博文本情感时取得了显著的优异性能。分析深度学习技术的发展趋势和实际应用情况可以得出,目前常用于文本语义挖掘的深度学习网络模型有以下几类。

(1)深度信念网络模型 DBN。该模型由 Hinton 等人提出,由多层受限玻尔兹曼机、贝叶斯网络和前馈网络构成,因为在文本挖掘中能够较好地提取和表示高层特征而被广泛应用。张庆庆等人使用 DBN 对文本中的词语特征、语句特征、基于依存关系的特征等进行训练,对文本情感做了较高精度的分析。张亚军等人利用 DBN 抽取了文本中的深层语义信息,同时借助 BP 算法识别出文本中存在的事件。陈翠平通过 DBN 从文本的高维原始特征中,提取可区分的低维特征,实现了对文本内容的分类。

(2)卷积神经网络模型 CNN。该网络模型由输入层、卷积层、池化层、全连接层和输出层构成。卷积层负责对输入层数据的特征提取,包含多个卷积核;池化层负责对卷积层提取到的信息选择和过滤;全连接层负责对语义向量降维。利用卷积神经网络,可以分析文本中语句的语义。Xiao 等人使用双通道 CNN 模型和更改卷积核参数,对中文文本进行情感分析,实验的准确率达到了 93.4%。Chachra 等人从文本中的词语、短语、语句以及句法和上下文关系等层面出发,使用深度卷积神经网络 DCNN 对语句建模,得到了既能捕捉句法关系、又能捕捉语义关系的有效语句分析模型。林志宏等人构建了 CNN 文本分类器,对公安案件的文本语义特征表示和提取,得到了显著的分类效果。

(3) 循环神经网络模型 RNN。该模型因为在网络内部存在循环连接,当前的网络输出不仅取决于网络输入,而且还和之前的参数状态有关,因此可以用来处理序列数据,模型结构一般包括单个时间步有输出且隐藏神经单元有循环连接、单个时间步有输出且只有当前输出到下个时刻的隐藏神经单元有循环连接以及处理完整个序列后产生单一输出三类。循环神经网络可以将语句和文本等作为输出,对文本展开情感分析和语义提取等。Du 等人利用 RNN 学习文本中的每个词语,在得到文本内容的综合语义之后进行文本分类。Ruseti 等人借助 RNN 模型和文本复杂性指数,分析评估了文本摘要和内容的主题思想。

(4) 长短时记忆网络模型 LSTM。该模型其实是一种特殊的循环神经网络,特殊之处在于,相比一般的循环神经网络而言,LSTM 增加了能够判断信息是否有用的控制门结构,在分析数据时能够"记住"重要的信息且保存较长的时间。Wang 等人将 LSTM 和残差网络结合起来计算和预测文本的语义与情感强度,提高了现有方法的预测精度。姜华等人构建了一种双向的 LSTM 网络模型,对文本中存在的疑问句语义关系进行了分类识别,准确率较传统方法提升了 4.5%。Nguyen 等人提出了 BiLSTM-CRF 模型并将其应用于法律文本,实验证明能够有效地识别出文本中的重要内容。

因此,可以通过深度学习技术,采用有监督训练方式,构建并训练神经网络模型来评估、计算电子文献的内容可信语义,即以电子文献作为深度神经网络模型的学习输入,文献可信度作为模型的学习输出,探索和实践深度学习方法挖掘、计算电子文献可信语义的途径。文献可信度是研究可信语义的一个重要指标,如何合理、准确地获得这一度量值非常重要。在实际研究应用中,可以仅仅通过人类的语义理解和标注方法获得电子文献的可信度,在我们的研究中,将综合信任事实、信任证据和人工标注三种方式获得的文献可信度结果作为学习输出,以此来训练深度学习神经网络模型。

11.2　文本可信度计算的学习模型选取和构建

11.2.1　模型分析和选择

现阶段使用较多的 DBN、CNN、RNN、LSTM 等神经网络模型都可以用来分析和挖掘文本语义,并且各种模型都有自己的分析特色。显然,在通过深度学习技术提取文本语义、最终计算得到文本可信度时,需要根据研究特点和研究需要选取合适的神经网络模型。

文献文本内容由自然语言形式的字符串构成,自然语言因为具有随意性、不严谨性和模糊性等缺点,部分文本内容在表达时缺乏层次性和完整性。同时,文本中一些语义相互关联的语句也有可能属于不同的句群或者章节段落,这给机器理解文献的可信语义带来了不小的困难。因此,在利用深度学习技术挖掘文本内容的可信语义时,还应该考虑两点基本要求。其一是深度学习神经网络在提取文本内容语义时,要能够保存和依赖内容上下文信息进行可信语义理解。CNN 使用滑动窗口可以保存局部的上下文信息,RNN 和 LSTM 因为存在循环结构,也能保留一部分上下文语义,而 DBN 则无法满足这一要求。其二是文本的某些可信语义较为重要,使用深度学习神经网络要能够保存这些语义信息不被丢失。从这一要求来看,CNN 和 DBN 都很难满足要求,RNN 可以保留最近的重要语义,而对重要的历史语义却无能为力,LSTM 则可以较长时间地“记住”文本中重要的信息。因此,综合以上分析,可以选用 LSTM 神经网络模型来分析文献的内容可信语义与可信度评估计算。常用于文本内容语义分析的四种深度学习神经网络模型特点比较如表 11.1 所示。

表 11.1　常用于文本语义分析的四种深度学习神经网络模型比较

深度学习 网络模型	能否挖掘 文本语义	能否保留 上下文语义	保存重要语义 的时间长短	模型特点	文本挖掘 效果
DBN	能	否	较短	—	一般
CNN	能	能	较短	滑动窗口、池化	较好
RNN	能	能	一般	循环结构	好
LSTM	能	能	较长	循环结构、控制门	最好

11.2.2 LSTM 神经网络

LSTM 神经网络是在循环神经网络的基础上进行改造得到的,传统循环神经网络基于时间步展开,采用三种重要的设计模式如图 11.1 所示。假设网络的输入为 X,输出为 Y,隐藏层为 H。 在图 11.1(a)结构中,循环网络的隐藏层存在循环结构,每个时间步都有输入 X 和输出 Y;在图 11.1(b)结构中,循环网络中输出和隐藏层之间存在循环结构,同样是每个时间步都有输出 Y;在图 11.1(c)结构中,循环网络只在隐藏层有循环连接,并且只有单一的输出值 Y。 因此,在构建文献的可信度计算神经网络时,采用图 11.1(c)所示的网络结构。

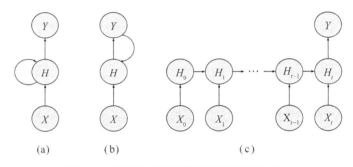

图 11.1　循环神经网络模型的三种设计模式

传统的循环神经网络的隐藏层计算较为简单,可能只涉及一个 tanh 运算,$\tanh(x) = \dfrac{e^x - e^{-x}}{e^x + e^{-x}}$。 针对图 11.1(a)所示结构的循环神经网络来讲,将其展开得到网络的基本结构如图 11.2 所示。

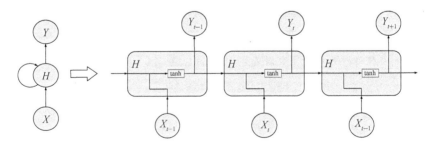

图 11.2　循环神经网络模型的基本结构

　　由于循环结构的存在,网络中任意时间步的输出 Y 不仅和当前输入 X 有关,而且还和之前的“记忆”有关。假设输入层和隐藏层之间、隐藏层和隐藏层之间、隐藏层和输出层之间的参数权重矩阵分别为 W_{xh}、W_{hh}、W_{hy},输入层和隐藏层的偏置矩阵分别为 b_x、b_h,则

$$H^t = \tanh(W_{xh} \times X^t + W_{hh} \times H^{t-1} + b_x) \tag{11.1}$$

$$Y_t = soft\max(W_{hy} \times H^t + b_h) \tag{11.2}$$

　　经过对循环神经网络中隐藏层的改造和变换,可以得到 LSTM 神经网络,图 11.3 展示了该模型的基本结构。

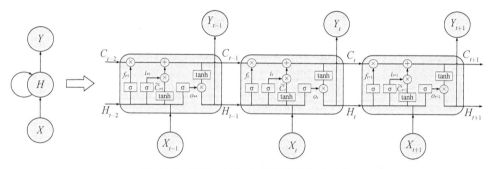

图 11.3　LSTM 神经网络模型的基本结构

　　在 LSTM 神经网络的隐藏层中,增加了神经单元状态和控制门结构。神经单元状态保存着神经网络的“记忆”信息,在图 11.3 中以贯穿整个隐藏层神经单元的顶部水平线体现。而控制门是一种让信息选择性通过的结构,由向量相乘运算和 $sigmoid$ 运算组成。LSTM 神经网络的隐藏层神经单元中包括遗忘门、输入门和输出门三种控制门,能够改变神经单元的状态和更新神经网络的“记忆”信息。图 11.3 中用 $\otimes$ 和 $\oplus$ 分别表示向量的外积运算(列向量乘以行向量)和相加运算,σ 表示 $sigmoid$ 运算,tanh 表示 tanh 运算,$sigmoid(x) = \dfrac{1}{1 + e^{-x}}$。用 $W \cdot [H^{t_1}, X^{t_2}]$ 表示矩阵 W 和矩阵 $[H^{t_1}, X^{t_2}]$ 相乘运算,b_j 表示神经网络层 j 的偏置向量,则可以依次对三种控制门进行分析。

　　在 t 时刻,遗忘门作用于 H^{t-1} 和 X^t,决定了神经单元中各个元素信息的保留与丢弃情况。经过遗忘门选择过滤后,f^t 趋近于 1 时之前的“记忆”信息被继续保存,趋近于 0 时的“记忆”信息被丢弃。

$$f^t = \sigma(W_f[H^{t-1}, X^t] + b_f) \tag{11.3}$$

输入门用来决定要对神经单元中的哪些信息进行更新：

$$i^t = \sigma(W_i [H^{t-1}, X^t] + b_i) \tag{11.4}$$

同时，经过 tanh 网络层运算，将会得到用于更新的候选值 $\widetilde{C}^t$：

$$\widetilde{C}^t = \tanh(W_C [H^{t-1}, X^t] + b_C) \tag{11.5}$$

隐藏层神经单元的状态 C^t 则由 C^{t-1} 得到：

$$C^t = f^t \times C^{t-1} + i^t \times \widetilde{C}^t \tag{11.6}$$

输出门用来决定要获取神经单元中的哪些元素：

$$o^t = \sigma(W_o [H^{t-1}, X^t] + b_o) \tag{11.7}$$

最后，通过 tanh 网络层与输出门相乘来控制想要的输出：

$$H^t = o^t \times \tanh(C^t) \tag{11.8}$$

11.2.3　深度双向 LSTM 学习模型的构建

使用单向的 LSTM 神经网络能够从前往后地分析文本内容和挖掘文本语义，然而有些时候，由于文本内容中存在很多前后文相互关联较强的语句和段落，除了前文内容对后文内容的语义有影响之外，后文内容也对前文内容的语义有较大影响，简单地通过这种单向 LSTM 神经网络来分析文本的语义不太合理。因此，构造双向的 LSTM 神经网络来挖掘文本的语义和可信度，该网络同时考虑了过去和未来的文本语义信息。将对文本内容从前往后分析的 LSTM 神经网络称为正向 LSTM，将从后往前分析的 LSTM 称为反向 LSTM，构造的双向 LSTM 神经网络的基本结构如图 11.4 所示。

为了深度挖掘文本内容和可信语义，可以将这种双向 LSTM 神经网络堆叠起来形成深度双向 LSTM 神经网络结构，用于文本的可信语义提取和可信度评估，如图 11.5 所示。该深度学习网络的输入是时间序列数据，每个时间步进行一次输入，当所有时间步处理完成后得到一个网络的输出值，而网络中的隐藏层和结构深度可以根据研究需要进行设计和拟定。在评估文本的可信度时，可以将文本 T 的语义矩阵 $\Psi_{T(n \times m)}$ 作为深度双向 LSTM 神经网络的输入，由本书第 1 章的 1.2.3 节可知，文本语义矩阵是 n 行、$(m * \zeta)$ 列的实数矩阵，因此可以将语义矩阵中每行数据作为一个时间步的输入。于是，可以得到用于计算文本

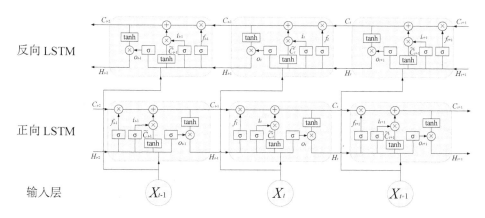

图 11.4　双向 LSTM 网络基本结构

内容可信度的深度双向 LSTM 神经网络模型,该网络模型具有 n 个时间步,每个时间步的输入数据是 $1 \times (m * \zeta)$ 的实数向量,网络模型的输出即对应文本的可信度数值,由综合分析各个时间步的数据得到。

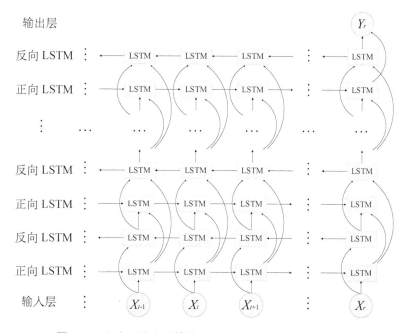

图 11.5　文本可信度计算的深度双向 LSTM 学习网络模型

11.3 大量训练数据获取和处理

通过深度双向 LSTM 神经网络模型计算文本的可信度时,首先需要使用大量历史数据来对模型进行训练,由于模型采用监督学习方式,因此训练数据不仅包括文本,还应该包括文本对应的可信度标签。神经网络模型就是要通过学习大量的"(文本,可信度标签)",寻找到文本和其可信度之间的对应关系 g,使得对于任意文本 T,都能够通过网络模型得到对应的可信度 P,记为 $g: T \rightarrow P$。文本的可信度标签可以根据本书第 3 章介绍的综合可信度得到,因此本节主要论述大量训练文本的获取和处理。

11.3.1 文本数据的获取过程

本书在第 9 章的 9.1.2 节中,已经介绍了文献的几种获取来源,为了获取大量的训练文本,可以采用抓取分析 Web 页面和利用文献检索系统批量下载的两种方式来得到训练文本数据。

通过抓取 Web 网页获取研究领域的文本时,一方面可以从公共开放的门户网站上抓取大量的 Web 文本,例如选择"党史党建""反腐廉政建设""台湾社会"等几个文献研究领域,可以从人民网、新华网、新浪网等门户网站相关词条分类中获取得到,如图 11.6 中方框标记所示。另一方面可以分析统计该领域的重要关键词,然后将这些关键词依次两两或者三三组合地用作文本抓取关键词,使用网络爬虫在互联网中搜集和下载相关的 Web 文献,随着组合的搜索关键词越来越多,该种方法可以抓取获得足量的文献数据。在实验中,通过编写 Web 网页抓取程序,从互联网中源源不断地获得了大量 Web 文献,图 11.7 展示了部分抓取过程。

图 11.6 门户网站中文本数据的来源示例

```
[zgsmpi@node3] python downLoadWebText.py
已经下载1000个WEB网页……
已经下载2000个WEB网页……
已经下载3000个WEB网页……
已经下载4000个WEB网页……
已经下载6000个WEB网页……
已经下载7000个WEB网页……
已经下载8000个WEB网页……
已经下载9000个WEB网页……
```

图 11.7　Web 网页文本数据的抓取示例

通过文献检索系统批量下载和获取文献数据时,可以借助"E-Learning""亿愿中文期刊论文下载管理器"等第三方文献下载工具,根据文献搜索关键词,编写程序从中国知网(http://www.cnki.net/)、万方数据库(http://www.wanfangdata.com.cn/index.html)、维普数据库(http://qikan.cqvip.com/)等文献检索系统中自动下载和获取电子文献。例如,使用"亿愿中文期刊论文下载管理器"从"中国知网"数据库中下载文献资源时,将"党史党建"作为搜索关键词后,运行软件提供的"分析下载"命令,系统会自动分析并下载相应的文献到指定的文件目录,如图 11.8 所示。

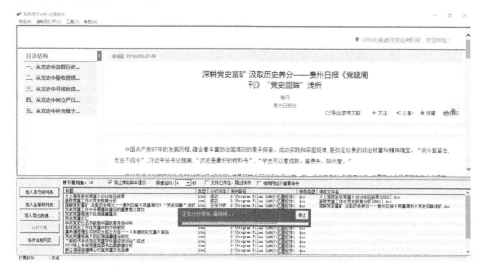

图 11.8　"亿愿"软件进行文献分析下载过程

11.3.2 支持深度学习的文本处理

从网络中获取的 Web 网页文献和期刊论文等,不能直接用来训练深度学习神经网络模型,还必须经过进一步处理和规范,最终转换为文本语义矩阵形式的训练数据。首先使用 url2io 和 PDF、DOC、CAJ 等格式转换软件工具,批量地将 Web 网页文献和期刊论文都提取形成 TXT 格式的文本,然后利用 TensorFlow 深度学习框架和 Skip-Gram 训练模型,编写软件程序来训练词语的语义向量,向量的维度依次设置为 50、100、200 等,训练词语的文本语料来源于中文维基百科,包含了 30 万个以上文本数据。

当得到词语的语义向量之后,接着是构建文本语义矩阵。文本语义矩阵依赖于领域关键词,因此在构建之前,还需要对文本进行领域分类。领域分类过程可以利用 LDA 主题模型挖掘获得文本主要所属的领域。对于领域 i,统计和收集该领域中具有领域特色和领域表征性的关键词 $i_1, i_2, \cdots, i_m$,将文本 T 中的每个语句按照 $i_1, i_2, \cdots, i_m$ 表示,即如果语句中含有关键词 $i_j, j \in [1, m]$,则把 i_j 的语义向量写入 i_j 相应的位置,否则写入相同维度的"0"值向量。在文本中所有的语句都用词语语义向量表示完成后,选取其中非"0"值较多的 n 个语句,按照在文本中描述的顺序,依次排列和构成文本的语义矩阵。把所有文本对应的语义矩阵都存入数据库,文本语义矩阵可以直接用作深度学习时的网络模型输入。

11.4 学习模型的训练和可信度算法

11.4.1 深度双向 LSTM 学习模型的训练

在深度双向 LSTM 神经网络模型的训练过程中,可以将训练样本分为多个批量(batch),分批地对网络模型进行训练。传统的批量梯度下降法(Batch Gradient Descent,BGD)训练网络模型时,每一次迭代都会将所有的分批数据作为网络的输入来训练,并且每一批数据训练完成后,就立刻更新网络的梯度,但是存在训练速度过于缓慢的不足。因此,在训练每一层双向 LSTM 网络时,选用随机梯度下降法(Stochastic Gradient Descent,SGD)的训练方式,在每次迭代中,随机地抽取一组批量数据进行网络训练和梯度更新。此外,神经网络的训练过程可能存在过拟合现象,可以在训练各层 LSTM 神经单元时使用

Dropout 策略和正则化方法来防止训练的过拟合。

对于每一层双向 LSTM 网络来讲,其正向层 LSTM 神经单元与反向层 LSTM 神经单元的更新方式与 11.3.2 节中阐述的更新类似,学习时首先计算正向层 LSTM 的输出 H^t_+,然后计算反向层的输出 H^t_-,将两个结果拼接后得到当前双向 LSTM 网络层的输出值 $\hat{H}^t=[H^t_+,\ H^t_-]$。在深层双向 LSTM 网络结构中,前一层的网络输出将作为下一层网络中对应神经单元的输入。公式 (11.3)—公式(11.8)展示了 LSTM 网络的前向传播过程,为了使得神经网络的输出尽可能接近期望值,一般在训练过程中还需要根据梯度下降和反向传播来对网络模型进行参数优化。可以利用交叉熵来获得 LSTM 网络模型的损失值 E,如公式(11.9),其中 Y^{t*} 为网络输出的期望值,Y^t 为网络输出的实际值。

$$E=-Y^{t*}\log(Y^t) \tag{11.9}$$

在梯度下降和反向传播过程中,任意时刻 t 的网络各项参数 λ,按照表 11.2 优化为 $\lambda\leftarrow\lambda+\Delta\lambda$。

表 11.2　LSTM 神经网络各项参数的优化方法

Λ	$\Delta\lambda$
$W_f=[W_{fh}\ W_{fx}]$	$\delta W_f=\dfrac{\partial E^t}{\partial W_f}=[\delta f^t\odot f^t\odot(1-f^t)]\otimes(s^t)^T$
$W_i=[W_{ih}\ W_{ix}]$	$\delta W_i=\dfrac{\partial E^t}{\partial W_i}=[\delta i^t\odot i^t\odot(1-i^t)]\otimes(s^t)^T$
$W_o=[W_{oh}\ W_{ox}]$	$\delta W_o=\dfrac{\partial E^t}{\partial W_o}=[\delta o^t\odot o^t\odot(1-o^t)]\otimes(s^t)^T$
$W_C=[W_{Ch}\ W_{Cx}]$	$\delta W_C=\dfrac{\partial E^t}{\partial W_C}=[\delta\tilde{C}^t\odot(1-(\tilde{C}^t)^2)]\otimes(s^t)^T$

其中:

$$\frac{\partial E^t}{\partial H^t}=\delta H^t=g^{\circ}(Y^{t*},\ Y^t),$$

$$\delta o^t=\frac{\partial E^t}{\partial o^t}=\delta H^t\odot\tanh(C^t),$$

$$\delta C^t=\frac{\partial E^t}{\partial C^t}=\delta H^t\odot o^t\odot[1-\tanh^2(C^t)],$$

$$\delta f^t=\frac{\partial E^t}{\partial f^t}=\delta C^t\odot C^{t-1},$$

$$\delta i^t = \frac{\partial E^t}{\partial i^t} = \delta C^t \odot \widetilde{C}^t,$$

$$\delta C^{t-1} = \frac{\partial E^t}{\partial C^{t-1}} = \delta C^t \odot f^t,$$

$$\delta \widetilde{C}^t = \frac{\partial E^t}{\partial \widetilde{C}^t_i} = \delta C^t \odot i^t,$$

$$s^t = \begin{bmatrix} H^{t-1} \\ X^t \end{bmatrix},$$

其中，$\odot$ 表示矩阵中相应元素的相乘运算。对于有 k 个时间步输入 X 的 LSTM 神经网络，$X = [X^1, X^2, \cdots, X^k]$，任意时刻的网络参数 W 更新为

$$W = W + \sum_1^k \delta W \tag{11.10}$$

深度双向 LSTM 神经网络训练过程中，每一层正向 LSTM 与反向 LSTM 的训练，和上述过程类似。

11.4.2　基于深度学习的文献内容可信度计算算法

根据前面的论述，可以设计基于深度学习的文献内容可信度计算总算法，伪代码描述如下：

算法 11.1：基于深度学习的文献内容可信度计算总算法

输入：门户网站 $portal\_site$，样本总数 N，神经网络初始模型 $model_0$，训练周期总数 $epoch$，学习率 $rate$，Dropout 参数 $dropout$，批处理数据量 $batch\_size$；

Ouput: model；　　　　//文本可信度评估的神经网络模型

TDADL()

```
{   U ← ∅, model ← model₀;  //初始化
    for i = 1 to N           //N取无穷大时，可以源源不断地获取学习训练样本
    {   u ← crawl_web_text(portal_site);   //从门户网站上爬取学习训练样本
        U ← U + {u};
    }
    while U ≠ ∅
```

```
{    u ← get_one_text(U);
     Ψ_u ← generate_semantic_matrix(u);                    //生成文本语义矩阵
     (R, L) ←trust_fact_trust_degree(u);                   // 信任事实的信任度计算
     P_{u1} ← judge_statements_trust_degree (R, L, ω);     //根据公式(3.11)，判断陈述
          句和信任事实计算文本可信度
     P_{u2} ← trust_evidences_trust_degree(u);             //根据信任证据计算文本可信度
     P_{u3} ← manual_trust_degree(u);                      //人机交互标注的文本可信度
     P_u ← \frac{P_{u1}+P_{u2}+P_{u3}+3×\sqrt[3]{P_{u1}×P_{u2}×P_{u3}}}{6};   //综合测定文本可信度
     for i = 1 to epoch                                    //进行每一次训练
     {    (W^*, b^*, P_u^*) ← train_neural_network(model, Ψ_u, rate, dropout, batch_size);
               //训练深度双向 LSTM 神经网络模型，返回网络参数和文本可信度
          E_u ← -P_u^* log(P_u);                           //计算训练损失值
          model ← optimize_network_weight(model, E_u, W^*, b^*);   //由 BP 算法和表
                    1，优化网络参数
     }
     U ← U −{u};
}
return model;
}
```

11.5　可信度计算的实例分析

根据深度双向 LSTM 神经网络学习模型的构建方式,借助 TensorFlow 深度学习框架,使用 Python 语言编程实现了一个三层双向 LSTM 文献可信度计算的模型,并通过该模型来学习已经处理好的 $N = 20\ 000$ 个样本数据。在将文献转换为文本语义矩阵的过程中,采用的语句个数 $n = 50$,领域特征词个数 $m = 100$,词语的语义向量维度 $\zeta = 100$。 在 LSTM 模型的训练过程中,设置训练周期 $epoch = 5\ 000$,学习率 $rate = 0.01$,Dropout 参数 $dropout = 0.5$,批处理数据量 $batch\_size = 100$。

LSTM 模型训练结束之后,随机将互联网中与训练文献数据相同领域的电

子文献送入 LSTM 模型计算可信度。用记号 t_id、t_url、$t\_content$ 分别表示文献的编号、URL 链接地址、文本内容，t_ns、t_ne 分别表示文献中包含的判断陈述句个数和信任证据个数，t_ps、t_pe、t_pm 分别表示通过信任事实、信任证据和人工标注方式计算的文献可信度，t_pc 和 t_pdl 分别表示文献的综合可信度和采用三层双向 LSTM 神经网络模型计算的可信度，则部分文献的可信度计算结果如表 11.3 所示。

表 11.3 文献可信度计算结果示例

t_id	t_url	$t\_content$	t_ns	t_ne	t_ps	t_pe	t_pm	t_pc	t_pdl
1	http://…	改革开…	20	8	0.9461	0.6958	0.9372	0.8555	0.8592
2	http://…	论改革…	53	19	0.9633	0.8407	0.9864	0.9290	0.9341
3	http://…	中国改…	19	11	0.9544	0.7283	0.9615	0.8779	0.8724
4	http://…	浅谈改…	12	3	0.9293	0.6314	0.8926	0.8119	0.7955
5	http://…	深刻把…	16	6	0.9102	0.6549	0.9369	0.8288	0.8334
6	http://…	反腐倡…	22	15	0.9487	0.7364	0.9533	0.8764	0.8871
7	http://…	反腐倡…	0	0	0	0	0.1607	0.0268	0
8	http://…	健全党…	8	5	0.9340	0.7621	0.9848	0.8910	0.8953
9	http://…	中国纪…	3	6	0.9036	0.6843	0.9257	0.8341	0.8406
10	http://…	解放军…	12	7	0.9574	0.7688	0.9605	0.8932	0.8914
11	http://…	党的建…	55	27	0.9268	0.6314	0.9853	0.8401	08395
12	http://…	2017 党…	10	6	0.8106	0.8875	0.9612	0.8854	0.8902
13	http://…	中国共…	1	0	0.9825	0	0.5146	0.2495	0
14	http://…	学习新…	0	5	0	0.4794	0.9623	0.2403	0.2416
15	http://…	开展两…	15	7	0.9348	0.8665	0.9782	0.9259	0.9263
16	http://…	马克思…	20	6	0.9466	0.8030	0.9376	0.8945	0.9003
17	http://…	党员干…	18	3	0.9683	0.7649	0.9465	0.8908	0.8876
18	http://…	新时代…	43	12	0.9732	0.7816	0.9504	0.8996	0.8962
19	http://…	新时代…	29	7	0.9355	0.6258	0.9342	0.8248	0.8374
20	http://…	读懂新…	0	1	0	0.2096	0.0561	0.0442	0
21	http://…	台湾问…	41	9	0.8772	0.7613	0.9250	0.8531	0.8489
22	http://…	台媒…	7	3	0.7033	0.4167	0.7694	0.6192	0.6087

208

续表

t_id	t_url	t_content	t_ns	t_ne	t_ps	t_pe	t_pm	t_pc	t_pdl
23	http://…	台湾海…	102	58	0.9409	0.8724	0.9581	0.9234	0.9199
24	http://…	台湾…	143	66	0.9680	0.9189	0.9873	0.9578	0.9586
25	http://…	台湾到…	8	5	0.9213	0.2647	0.7604	0.6095	0.5979
26	http://…	台陆委…	5	3	0.1467	0.2192	0	0.0610	0.0024
27	http://…	社会主…	34	9	0.9643	0.8384	0.9761	0.9252	0.9374
28	http://…	中国特…	136	44	0.9860	0.8937	0.9845	0.9542	0.9598
29	http://…	中国是…	27	6	0.9217	0.7806	0.8832	0.8608	0.8626
30	http://…	我国宪…	13	0	0.9820	0	0.1004	0.1804	0.1654
…	…	…	…	…	…	…	…	…	…

根据计算结果可以看出,三层双向 LSTM 神经网络模型计算的文本可信度和大多数文献的综合可信度很接近,即通过深度学习技术能够有效计算文献的可信度。对于少部分文献,文本内容仅由较少的几个字符构成,通过信任事实、信任证据和人工标注方式能够计算出一定的可信度。然而,在使用深度学习计算可信度时,由于无法根据语义矩阵提取足够的有效特征,得到的文献可信度为"0",例如表 11.3 中第 7 条、第 13 条和第 20 条的实验结果,而这也正好符合对文献搜索时的期望:内容匮乏和空洞的文本并不满足用户的搜索要求。

11.6　本章小结

本章引入深度学习技术来挖掘电子文献的可信语义,以文献语义矩阵为输入,以综合可信度为输出,使用有监督学习,分析和构建可信度计算的深度学习神经网络模型。通过比较常用的语义提取神经网络模型,选择 LSTM 神经网络作为文献可信度计算的深度学习模型。在分析了 LSTM 神经网络的基本结构和学习方式之后,为了能够前、后双向地挖掘文献可信语义,使用深度双向 LSTM 网络结构构建文献可信度计算的深度学习模型,同时深入阐述了模型结构。深度学习模型在学习过程中需要大量历史训练数据,本章给出了训练数据的获取和处理方法,也给出了深度双向 LSTM 学习模型的训练过程和基于深度学习的文献可信度计算总算法。最后,依照构建和训练规则,构建了一个三层双向 LSTM 学习模型,依次对具体和真实的文献进行了可信度实例计算。

第 12 章
可信搜索引擎的设计和实验评价

12.1 "二次"可信搜索引擎的设计

12.1.1 深度学习在文献搜索中的应用

深度学习技术在自然语言处理和文本语义挖掘中取得了很好的效果,因此被越来越多地应用于文献搜索和文本匹配,期望能够进一步提高文献搜索的准确度。从原理和方式来看,深度学习在文献搜索中的应用主要有两种方式:一种是使用深度学习不断地拓展和分析用户的搜索意愿,例如利用深度学习技术来丰富和扩展用户的搜索关键词,其核心思想是表示和提取用户搜索关键词的语义,然后通过深度学习技术找出和这些关键词语义相似、具有较高关联度的其他扩展词语,对扩展词语同时进行搜索;另一种是使用深度学习技术提取和挖掘文献的内容语义,然后与用户的搜索意愿进行相关性匹配分析和排序,选择相关度较高的文献作为搜索结果返回给用户。目前,按照第二种方式,研究人员已经提出了多种相对成熟的深度学习搜索框架,包括 Apache Lucene 和 DeepLearning4j 结合的搜索模型以及类似 Huang 等人提出的 DSSM(Deep Structured Semantic Models)系列模型。

(1) Apache Lucene 和 DeepLearning4j 结合的搜索模型。Apache Lucene 是开源的 Java 语言全文搜索引擎框架,借助它可以开发出基本的全文搜索引擎。而 DeepLearning4j 是为 Java 和 Java 虚拟机编写的、用于深度学习的开源运算框架,能够生成词语和语句的语义向量,同时也支持深度信念网络、卷积神经网络、循环神经网络、LSTM 等的构建和各种学习算法的实现。将 Lucene 和 DeepLearning4j 结合起来使用,可以构成支持深度学习的全文搜索模型。模型的搜索思想是将用户输入的搜索意愿和待匹配文本都映射为低维度的语义向量,然后依次比对文本向量和搜索输入向量之间的相似性,按照相似度从高到低的顺序对文本排序并呈现给用户。

(2) DSSM 系列模型。搜索思想与 Lucene 和 DeepLearning4j 结合模型的类似,也是将搜索请求输入和目标文本转换为低维向量,并用向量之间的 cosine 距离表示语义相似度,接着使用 softmax 函数将样本的语义相似度转换为后验概率,通过极大似然估计来最小优化深度学习网络中的损失值,以此得到最佳的搜索匹配文本。由于这种模型在文本语义建模时,采用词袋模型而丢失了位置语义和上下文信息,随后 Shen 等人和 Palangi 等人又分别提出了相似的 CLSM 模型和 LSTM‑DSSM 模型。CLSM 模型的特别之处在于:一是神经网络中文本输入时,增加了融合语句位置和上下文的滑动窗口;二是文本的训练过程使用了卷积神经网络 CNN。而 LSTM‑DSSM 模型中由于加入了长短时记忆网络 LSTM,能够处理和保存间隔较远的文本上下文信息。

综上所述,应用深度学习进行文献搜索已经取得了一定的研究进展,核心思想是在利用深度学习提取、分析出用户搜索关键词的语义和文献文本的语义之后,对二者进行相关度匹配和选择。在本书第 11 章中,使用深度双向 LSTM 神经网络模型评估计算了文献的可信语义和可信度,可以在此基础上,类比现有的深度学习搜索框架,设计和开发电子文献的可信搜索引擎,对传统文献搜索方法进行优化,期望得到更准确、更满意的文献搜索结果。

12.1.2　文献"二次"搜索思想

第 1 章的 1.6.1 节分析了影响基于关键词匹配的文献搜索结果准确度的各种因素,其中之一是搜索匹配过程和机制不准确、不智能,在返回的搜索结果中存在排序混乱、包含较多广告等诸多问题。为了改善和提高搜索结果的准确度,可以利用"二次"搜索思想来优化传统文献搜索方法,使得搜索结果更加准确和合理。

"二次"搜索顾名思义,就是在"第一次"搜索的基础上,对得到的搜索结果分析和重排序之后,进行"第二次"匹配的过程,即假设采用传统的基于关键词匹配的文献搜索方法,搜索用户提交的关键词,返回的文献结果为有序集合 $U_k = (T_1, T_2, \cdots, T_k)$,使用某一方式依次计算 U_k 中的文献与用户提交关键词之间的相关性,根据相关性从高到低的顺序对文献重新排序为 $U'_k = (T'_1, T'_2, \cdots, T'_k)$。显然,"二次"搜索的文献结果准确性要高于"第一次",图 12.1 展示了两种搜索方式的准确率对比情况。

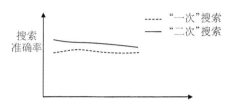

图 12.1　"一次"搜索和"二次"搜索的准确率对比

12.1.3　可信搜索引擎的组成框架

　　基于"二次"搜索思想,可以设计电子文献可信搜索引擎,框架结构如图 12.2 所示。

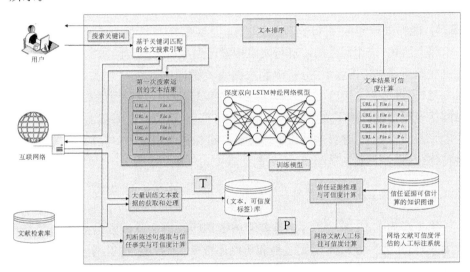

图 12.2　可信搜索引擎的组成框架

　　该系统对传统的基于关键词匹配的全文搜索引擎进行了搜索优化,相比之下主要增添了以下功能模块。

　　(1) 可信度计算的深度双向 LSTM 神经网络模型:使用该模型挖掘传统文献搜索引擎搜索返回的文献可信语义,评估和计算出相应的文献可信度;

　　(2) 大量训练文本数据的获取和处理模块:该模块能够从互联网和文献检索库中收集、下载、提取大量的 Web 网页文献与期刊论文等,同时训练表示词语的语义向量,将大量的文本数据转换为语义矩阵;

　　(3) 判断陈述句提取与信任事实可信计算模块:通过有限状态机提取出文

本中的判断陈述句,借助"精确"搜索技术来统计互联网对判断陈述句的支持情况,计算对应信任事实的可信度;

（4）信任证据可信计算的知识图谱:由 100 多万个电子文献、900 多万个百科实体、6 500 多万条关系三元组构建的通用知识语义网络;

（5）文献可信度评估的人工标注系统:用于实现电子文献可信度人机交互标注的阅读评估网站;

（6）信任证据推理与可信计算模块:通过句群划分、事实元组提取推理出信任证据,同时借助知识图谱来完成信任证据的可信度计算;

（7）文献人工标注可信计算模块:使用文献可信度评估的人工标注系统,对传统文献搜索引擎搜索返回的文献进行可信度人工标注;

（8）（文本、可信度标签）数据库:用来存储训练深度学习神经网络模型的大量历史数据,包括文本与综合可信度标签;

（9）文本排序模块:按照深度双向 LSTM 神经网络模型计算的文献可信度大小,对文献进行排序。

12.2　文献"二次"可信搜索过程

可信搜索的基本过程是:当用户输入搜索请求关键词后,首先利用传统的基于关键词匹配的搜索引擎获得相应的文献搜索结果,然后通过文献可信度计算的深度双向 LSTM 神经网络模型,对这些"第一次"搜索的文献结果进行可信语义分析,评估和计算出所有文献的可信度,并且最终按照可信度大小对文献排序,作为搜索结果返回给用户。整个搜索过程的算法伪代码描述如下:

算法 12.1：文献"二次"可信搜索的核心算法

输入: 用户输入的搜索关键词 q, 由算法 11.1 得到的文献可信度计算的深度双向 LSTM 神经网络模型 model;

输出: 搜索返回结果的可信排序集合 Z;

BTSSA()

{　$U \leftarrow$ first_search(q);　　　　//传统一次搜索返回的文献结果集合

　　$P \leftarrow \phi$;

　　forall $\forall u \in U$

　　{　$\Psi_u \leftarrow$ generate_semantic_matrix(u);　　　　//生成文本语义矩阵

```
        p_{u*}←second_search_trust_degree(Ψ_u, model);    //利用神经网络求文本的可信度
        P ← P + {p_{u*}};
    }
    Z ← φ;                                          //以下根据文本可信度，对返回结果排序
    while U ≠ φ
    {    u* ← max_trust_degree_text(U, P) ;         //返回集合U中可信度最大的文献
        Z ← Z + {u*};
        U ← U − {u*};
    }
    return Z;
}
```

12.3 可信搜索结果的评价机制

通常来讲,当用户使用搜索引擎完成请求关键词的搜索过程之后,往往会通过一些评价标准来衡量搜索引擎和搜索结果的好坏程度,第 1 章的 1.6 节列举了一般常见的文献搜索评价机制,包括搜索请求的输入方式、搜索效果和性能、数据库检索覆盖率等等。对于 12.2 节设计的文献可信搜索引擎和其搜索结果,同样,也应该有合理的分析评价机制,从文献的可信度角度出发,结合查准率(定义 1.16),下面给出电子文献可信搜索引擎和搜索结果的评价指标。

定义 12.1　可信查准率:是指在搜索返回的结果排序集合中,跟用户搜索请求最为相关的 η 个结果的位置平均数与结果集合规模差的百分比。假设在前 η 个结果中,第 i 个结果在结果集合中的排序位置为 $loc_i \in N$, $i=1, 2, \cdots, \eta$,且结果集合的规模为 α,则可信查准率 Pre 计算为

$$Pre = \frac{\left| \frac{1}{\eta} \times \sum_{i=1}^{\eta} loc_i - \alpha \right|}{\alpha} \times 100\%$$

$$= 1 - \frac{\sum_{i=1}^{\eta} loc_i}{\eta \times \alpha} \times 100\% \tag{12.1}$$

定义 12.2　区间平均可信度:是指在搜索返回的结果排序集合中,特定区间

长度上的搜索结果可信度平均值。假设设置的特定区间长度为 η，区间内第 i 个搜索结果的可信度为 $P_i \in [0, 1]$，$i = 1, 2, \cdots, \eta$，则该区间搜索结果的区间平均可信度 ε 计算为

$$\varepsilon = \frac{1}{\eta} \times \sum_{i=1}^{\eta} P_i \tag{12.2}$$

定义 12.3 最相关可信率：是指在搜索返回的结果排序集合中，跟用户搜索请求最为相关的 η 个结果的可信查准率与可信度乘积的算术平均。假设在前 η 个结果中，用 P_i 和 loc_i 分别表示其中第 i 条相关搜索结果的可信度与其在结果集合中的排序位置，Pre_i 表示最为相关的第 i 个搜索结果的可信查准率，$i \in [1, \eta]$，用 α 表示结果集合的规模，则最相关可信率 $Trust$ 的计算为

$$
\begin{aligned}
Trust &= \frac{1}{\eta} \times \sum_{i=1}^{\eta} (P_i \times Pre_i) \\
&= \frac{1}{\eta} \times \left(\sum_{i=1}^{\eta} P_i \times \left(1 - \frac{loc_i}{\alpha}\right) \right) \times 100\%
\end{aligned}
\tag{12.3}
$$

12.4 搜索实验过程与实验数据

为了验证"二次"可信搜索方法的有效性，可以设计对比实验，将使用可信搜索方法得到的搜索结果与使用传统文献搜索方法的百度、Google 搜索引擎获得的搜索结果进行比较。实验重点关注"中国政治党建"搜索领域，特别是其中互联网新闻报道和相关文本的真实性、可信性、搜索准确性等。因此，我们抓取了大量该领域的网络学习样本，方便训练文本可信度计算的深度双向 LSTM 神经网络模型。在实验时，随意选取了其中六组用户搜索关键词用于实验对比：①"反腐倡廉建设在中国共产党的执政过程中不可或缺"；②"解决中国问题最根本的举措是坚持共产党领导"；③"两岸关系，台湾是中国的一部分"；④"中国实行改革开放的重要意义有哪些"；⑤"新时代学习和实践马克思主义思想"；⑥"中国，社会主义制度，社会主义优越性"。诚然，所提出的可信搜索方法不局限于"中国政治党建"领域，任何关注的领域都可以适用。

12.4.1 可信查准率实验设计与过程

可信查准率实验需要用搜索结果作为比较数据，在实验中，对于六组用户搜

索关键词,分别通过百度和 Google 搜索引擎搜索后,统计各自返回的前 100 个文本结果用于实验比较。为了评估得到 200 个搜索结果与用户搜索关键词的相关程度,使用文本可信度评估的人工标注系统,利用人们对文本可信度的评估以及文本与用户搜索关键词的相关性理解来综合度量得到。对于每个文本结果,假设通过人工标注系统评估的与搜索关键词相关程度为 R_i^{man},借助深度双向 LSTM 神经网络模型计算的可信度为 P_i^{mod},在相应所在的 100 个文本搜索集合中的排序位置为 $loc_i \in \{1, 2, \cdots, 100\}$,其中 $i \in \{1, 2, \cdots, 200\}$。使用提出的"二次"可信搜索时,对 200 个文本按照三层深度双向 LSTM 网络模型计算的可信度 P^{mod} 进行排序 $L_T = \{T_1, T_2, \cdots, T_{200}\}$,取其中前 100 个文本 $\{T_1, T_2, \cdots, T_{100}\}$ 分别与百度搜索和 Google 搜索进行比较,即利用三种搜索方式(百度搜索、Google 搜索、可信搜索),依次对六组用户搜索关键词进行搜索,将得到的文本结果按照 R^{man} 排序。当给定最为相关的 η 比较参数后,找出排序集合中前 η 个文本结果的 loc,根据公式(12.1)计算各自搜索方法的可信查准率。

12.4.2　区间平均可信度实验设计与过程

区间平均可信度实验也需要用搜索结果进行实验比较,同样使用百度搜索、Google 搜索和可信搜索方法,分别搜索六组用户关键词,得到各自返回的前 100 个文本结果进行比较。区间平均可信度比较实验思想基于位置可信度比较,对于同一个搜索关键词,分别比较 3 种搜索方式返回的结果集合中,相同位置的文本可信度大小情况,可信度越大的表明搜索方法越好、越高效。为了避免存在的评估不准确情况,选取相同的位置区间代替单一相同的位置,用区间的文本可信度平均值来衡量搜索方法的"好坏"程度。

12.4.3　搜索实验平台和环境

进行实验时使用的计算机硬件资源包括 64 位 3.00 GHz Intel Xeon CPU、32 GB 运行内存和 1 Gbps 网卡。软件环境是 Red Hat Linux 操作系统,百度搜索引擎、Google 搜索引擎,Python 2.7 开发环境,url2io Web 网页文本提取工具,TensorFlow 深度学习框架,文本可信度评估的人工标注系统以及已经训练好的、用于文本可信度计算的深度双向 LSTM 神经网络模型。

12.4.4　可信查准率搜索实验数据

为了方便比较实验数据,用记号 i、url_i、R_i^{man}、P_i^{mod} 分别表示搜索到的文

本序号、URL 链接文本、与用户搜索关键词的相关程度以及通过三层双向
LSTM 网络模型计算的文本可信度,用 loc_i^B、loc_i^G、loc_i^{DL} 分别表示该文本在百
度搜索、Google 搜索和"二次"可信搜索返回的文本集合中的排序位置,如果文
本不在搜索结果集合中,则在相应位置填写"—"。三种搜索方式对六组用户关
键词进行搜索之后,得到的实验数据依次如表 12.1—表 12.6 所示。

表 12.1 搜索关键词 1 可信查准率搜索实验数据

i	url_i	R_i^{man}	P_i^{mod}	loc_i^B	loc_i^G	loc_i^{DL}
1	反腐倡廉…	0.9564	0.9636	11	—	3
2	关于廉洁…	0.9534	0.9524	—	4	9
3	论加强反…	0.9522	0.9592	8	—	5
4	反腐倡廉…	0.9460	0.9653		3	2
5	党的反腐…	0.9449	0.9547	6		7
6	反腐倡廉…	0.9419	0.9349	89	—	17
7	刻不容缓…	0.9412	0.9513		42	10
8	中国共产…	0.9407	0.9395	17		15
9	1949 年—…	0.9387	0.9618	30	—	4
10	论建设社…	0.9379	0.9237		64	22
11	中国共产…	0.9356	0.9370	88	—	16
12	政治法律…	0.9338	0.9305	95		19
13	简述中国…	0.9326	0.9586	31		6
14	加强反腐…	0.9316	0.9424	—	25	13
15	论改革开…	0.9311	0.9045	—	17	25
⋮	⋮	⋮	⋮	⋮	⋮	⋮
200	…②有利…	0.2000	0.0026	40	—	193

表 12.2 搜索关键词 2 可信查准率搜索实验数据

i	url_i	R_i^{man}	P_i^{mod}	loc_i^B	loc_i^G	loc_i^{DL}
1	办好中国…	0.9237	0.9043	5	—	18
2	坚持中国…	0.9215	0.9253	1	7	10
3	习近平…	0.9184	0.9174	6	—	13

续表

i	url_i	R_i^{man}	P_i^{mod}	loc_i^B	loc_i^G	loc_i^{DL}
4	坚持中国⋯	0.9153	0.9362	11	2	8
5	马斯洛夫⋯	0.9126	0.8957	16	—	22
6	胡锦涛在⋯	0.9071	0.9518	—	45	6
7	论党的领⋯	0.9032	0.8852	48	—	24
8	习近平在⋯	0.9026	0.9681	25	36	4
9	坚持中国⋯	0.8984	0.8986	63	—	20
10	为什么党⋯	0.8960	0.8579	19	—	34
11	党的领导⋯	0.8934	0.9076	33	—	17
12	党的十六⋯	0.8905	0.9106	—	50	15
13	中国特色⋯	0.8860	0.8640	31	—	30
14	党的领导⋯	0.8846	0.8602	—	25	32
15	中国共产⋯	0.8816	0.9647	—	68	5
⋮	⋮	⋮	⋮	⋮	⋮	⋮
200	最根本⋯	0.1000	0.0041	28	—	196

表 12.3　搜索关键词 3 可信查准率搜索实验数据

i	url_i	R_i^{man}	P_i^{mod}	loc_i^B	loc_i^G	loc_i^{DL}
1	一个中国⋯	0.9686	0.9714	—	1	2
2	台湾海峡⋯	0.9653	0.9708	1	15	3
3	海峡两岸⋯	0.9629	0.9634	—	4	4
4	台湾政治⋯	0.9587	0.9486	22	13	8
5	台湾海峡⋯	0.9559	0.9369	46	—	9
6	台湾问题⋯	0.9526	0.9307	73	3	12
7	台湾是中⋯	0.9504	0.9527	12	—	7
8	《摘抄——⋯	0.9479	0.8643	58	36	26
9	台湾定位⋯	0.943	0.9257	—	42	14
10	朱显龙⋯	0.9394	0.8861	60	—	23

i	url_i	R_i^{man}	P_i^{mod}	loc_i^B	loc_i^G	loc_i^{DL}
11	科学网—···	0.9343	0.8829	—	47	25
12	台湾意识···	0.9329	0.9092	96	—	18
13	李惠英致···	0.9268	0.9336	100	—	10
14	台湾是中···	0.9248	0.9066	30	61	19
15	121 期—···	0.9239	0.9230	—	—	15
⋮	⋮	⋮	⋮	⋮	⋮	⋮
200	台陆委会···	0.0000	0.0000	8	14	200

表 12.4　搜索关键词 4 可信查准率搜索实验数据

i	url_i	R_i^{man}	P_i^{mod}	loc_i^B	loc_i^G	loc_i^{DL}
1	改革开放···	0.9561	0.9342	3	—	7
2	中国改革···	0.9524	0.8938	14	—	25
3	实行改革···	0.9487	0.9375	—	5	6
4	将改革开···	0.9462	0.8454	—	23	43
5	重大意义···	0.9436	0.8429	6	—	45
6	潘基文：···	0.9354	0.9308	—	19	8
7	改革开放···	0.9310	0.8626	24	—	36
8	让改革开···	0.9225	0.9205	35	52	15
9	《新华社···	0.9178	0.8741	19	—	32
10	牢记使命···	0.9136	0.9015	53	40	22
11	试论当代···	0.9087	0.8963	—	11	24
12	改革开放···	0.9032	0.8124	82	—	69
13	中国 40 年···	0.8861	0.8236	—	64	67
14	对中国改···	0.8795	0.9246	45	—	11
15	我国实行···	0.8774	0.8535	28	—	41
⋮	⋮	⋮	⋮	⋮	⋮	⋮
200	中国改革···	0.1065	0.0534	30	—	183

表 12.5　搜索关键词 5 可信查准率搜索实验数据

i	url_i	R_i^{man}	P_i^{mod}	loc_i^{B}	loc_i^{G}	loc_i^{DL}
1	新时代学…	0.9764	0.9356	6	—	6
2	新时代如…	0.9752	0.9621	11	—	2
3	党课|新时…	0.9737	0.9452	—	5	4
4	署名文章…	0.9705	0.9322	32	—	7
5	王克群:…	0.9683	0.9047	—	13	16
6	努力学习…	0.9654	0.8003	18	—	43
7	习近平九…	0.9641	0.9318	26	—	8
8	学习和实…	0.9619	0.9195	—	24	10
9	把学习和…	0.9608	0.8970	42	—	18
10	学习新时…	0.9576	0.8367	—	36	35
11	新时代仍…	0.9527	0.9438	60	—	5
12	运用习近…	0.9516	0.8789	39	—	23
13	新时代青…	0.9466	0.8604	—	76	29
14	习近平:…	0.9409	0.9123	—	34	13
15	作为新时…	0.9384	0.8574	70	—	31
⋮	⋮	⋮	⋮	⋮	⋮	⋮
200	新时代学…	0.0846	0.0000	58	—	177

表 12.6　搜索关键词 6 可信查准率搜索实验数据

i	url_i	R_i^{man}	P_i^{mod}	loc_i^{B}	loc_i^{G}	loc_i^{DL}
1	中国特色…	0.9361	0.9283	5	—	7
2	当前中国…	0.9310	0.9307	13	—	6
3	中国,社…	0.9246	0.9094	—	8	9
4	习近平:…	0.9173	0.8610	23	—	22
5	充分发挥…	0.9052	0.8235	—	16	41
6	社会主义…	0.9004	0.8876	18	—	16
7	如何理解…	0.8836	0.8392	34	—	35
8	我国社会…	0.8791	0.8409	—	7	33

续表

i	url_i	R_i^{man}	P_i^{mod}	loc_i^B	loc_i^G	loc_i^{DL}
9	社会主义…	0.8733	0.7643	26	—	56
10	人民日报…	0.8678	0.8188	14	—	44
11	中国特色…	0.8630	0.8529	—	20	26
12	全面深化…	0.8601	0.8478	—	27	29
13	改革开放…	0.8577	0.8921	32	—	13
14	论中国社…	0.8529	0.8042	—	11	48
15	彰显中国…	0.8496	0.8364	50	—	37
⋮	⋮	⋮	⋮	⋮	⋮	⋮
200	()是中国…	0.0469	0.0794	29	—	191

12.4.5　区间平均可信度搜索实验数据

同样,为了方便比较实验数据,用记号 loc_i 表示文本 i 在搜索返回的结果集合中的排序位置编号,用 url_i^B、url_i^G、url_i^{DL} 分别表示文本在百度搜索、Google 搜索和"二次"可信搜索结果中的 URL 链接文本,用 P_i^B、P_i^G、P_i^{DL} 分别表示三种搜索方式下通过三层双向 LSTM 网络模型计算的文本的可信度,则搜索六组用户关键词得到的实验数据依次如表 12.7—表 12.12 所示。

表 12.7　搜索关键词 1 区间平均可信度搜索实验数据

loc_i	url_i^B	P_i^B	url_i^G	P_i^G	url_i^{DL}	P_i^{DL}
1	中国共产…	0.8952	反腐倡廉…	0.4425	中共党的…	0.9687
2	中国特色…	0.0215	中国共产…	0.5681	反腐倡廉…	0.9653
3	中国共产…	0.0174	反腐倡廉…	0.9653	反腐倡廉…	0.9636
4	反腐倡廉…	0.2483	关于廉洁…	0.9524	1949 年— …	0.9618
5	中国共产…	0.9066	党魂涅槃…	0.6801	论加强反…	0.9592
6	党的反腐…	0.9547	当代中国…	0.9347	简述中国…	0.9586
7	中国共产…	0.0042	中国反腐…	0.8455	党的反腐…	0.9547
8	论加强反…	0.9592	中国共产…	0.8903	习近平在…	0.9531
9	中国共产…	0.1168	依照党规…	0.8718	关于廉洁…	0.9524

续表

loc_i	url_i^B	P_i^B	url_i^G	P_i^G	url_i^{DL}	P_i^{DL}
10	中共党的…	0.9687	中央编译…	0.8463	刻不容缓…	0.9513
⋮	⋮	⋮	⋮	⋮	⋮	⋮
100	对反腐倡…	0.1880	人民日报…	0.3582	东亚四国…	0.4236

表 12.8　搜索关键词 2 区间平均可信度搜索实验数据

loc_i	url_i^B	P_i^B	url_i^G	P_i^G	url_i^{DL}	P_i^{DL}
1	坚持中国…	0.9357	坚持党对…	0.8803	共产党第…	0.9790
2	坚持中国…	0.8624	坚持中国…	0.9362	中国共产…	0.9763
3	中国民主…	0.0073	习近平论…	0.8076	党的十六…	0.9694
4	谈谈要坚…	0.0812	俞正声：…	0.1358	习近平在…	0.9681
5	办好中国…	0.9043	社会主义…	0.8571	中国共产…	0.9647
6	习近平：…	0.9174	坚持党的…	0.7740	胡锦涛在…	0.9518
7	为什么说…	0.1863	坚持中国…	0.9253	习近平在…	0.9427
8	什么是中…	0.6549	邓小平社…	0.8624	坚持中国…	0.9362
9	为什么党…	0.1802	党的十六…	0.9694	坚持党的…	0.9357
10	坚持中国…	0.2264	中国竞合…	0.9216	坚持中国…	0.9253
⋮	⋮	⋮	⋮	⋮	⋮	⋮
100	中国共产…	0.6817	中国特色…	0.5482	党的领导…	0.5123

表 12.9　搜索关键词 3 区间平均可信度搜索实验数据

loc_i	url_i^B	P_i^B	url_i^G	P_i^G	url_i^{DL}	P_i^{DL}
1	台湾海峡…	0.9708	一个中国…	0.9714	台湾是中…	0.9728
2	台湾是中…	0.2551	科学网：…	0.1262	一个中国…	0.9714
3	马英九：…	0.0427	台湾问题…	0.9307	台湾海峡…	0.9708
4	台湾是中…	0.9034	海峡两岸…	0.9634	海峡两岸…	0.9634
5	台湾是中…	0.0000	关于两岸…	0.5245	台湾定位…	0.9615
6	张小月放…	0.0762	台湾是中…	0.4408	一国两制…	0.9583
7	放狂言：…	0.0251	坚持一个…	0.7360	台湾是中…	0.9527

loc_i	url_i^B	P_i^B	url_i^G	P_i^G	url_i^{DL}	P_i^{DL}
8	台陆委会…	0.0000	一个中国…	0.5795	台湾政治…	0.9486
9	气愤！这…	0.1129	台湾问题…	0.8543	台湾海峡…	0.9369
10	台陆委:…	0.1982	两岸关系…	0.4169	李惠英致…	0.9336
⋮	⋮	⋮	⋮	⋮	⋮	⋮
100	台湾民进…	0.0000	台陆委会…	0.0483	台湾制度…	0.4752

表 12.10　搜索关键词 4 区间平均可信度搜索实验数据

loc_i	url_i^B	P_i^B	url_i^G	P_i^G	url_i^{DL}	P_i^{DL}
1	将改革开…	0.8590	对于我们…	0.6545	中国政治…	0.9616
2	中国改革…	0.9263	习近平:…	0.8546	改革开放…	0.9563
3	改革开放…	0.9342	专访:中…	0.8762	牢记使命…	0.9542
4	我国实现…	0.8956	中国政治…	0.8313	习近平:…	0.9434
5	重要举措…	0.9231	实行改革…	0.9385	中国实行…	0.9416
6	重大意义…	0.8429	中国为什…	0.9054	实行改革…	0.9385
7	改革开放…	0.6678	牢记使命…	0.9236	改革开放…	0.9342
8	我国为什…	0.7164	改革开放…	0.8741	潘基文:…	0.9308
9	邓小平提…	0.8936	中国实行…	0.8316	中国改革…	0.9263
10	牢记使命…	0.9542	中国改革…	0.8510	邓小平为…	0.9250
⋮	⋮	⋮	⋮	⋮	⋮	⋮
100	让改革开…	0.5905	浅谈中国…	0.8046	试论当代…	0.4239

表 12.11　搜索关键词 5 区间平均可信度搜索实验数据

loc_i	url_i^B	P_i^B	url_i^G	P_i^G	url_i^{DL}	P_i^{DL}
1	新时代学…	0.8542	为新时代…	0.8945	努力学习…	0.9683
2	新时代如…	0.7963	学习和实…	0.8472	新时代如…	0.9621
3	党课|新时…	0.9063	努力践行…	0.8364	习近平在…	0.9567
4	努力学习…	0.8876	新时代习…	0.8445	党课|新时…	0.9452
5	王克群…	0.8633	党课|新时…	0.9452	新时代仍…	0.9438

loc_i	url_i^B	P_i^B	url_i^G	P_i^G	url_i^{DL}	P_i^{DL}
6	新时代学…	0.9356	学习习近…	0.8754	新时代学…	0.9356
7	习近平九…	0.8046	作为新时…	0.8923	署名文章…	0.9322
8	学习和实…	0.8631	学习马克…	0.9024	习近平九…	0.9318
9	为新时代…	0.9152	学习《在…	0.7856	新时代学…	0.9264
10	学习新时…	0.9046	不断推进…	0.8056	学习和实…	0.9195
⋮	⋮	⋮	⋮	⋮	⋮	⋮
100	新时代学…	0.8731	做新时代…	0.8623	为新时代…	0.3746

表 12.12　搜索关键词 6 区间平均可信度搜索实验数据

loc_i	url_i^B	P_i^B	url_i^G	P_i^G	url_i^{DL}	P_i^{DL}
1	人民日报…	0.8816	中国特色…	0.8796	社会主义…	0.9561
2	中国特色…	0.8537	社会主义…	0.9561	中国特色…	0.9504
3	全面深化…	0.9154	中国政党…	0.9320	论中国社…	0.9472
4	改革开放…	0.8320	中国特色…	0.7856	中国特色…	0.9413
5	中国特色…	0.9283	社会主义…	0.8054	中国政党…	0.9320
6	彰显中国…	0.8167	中国特色…	0.8683	当前中国…	0.9307
7	中国特色…	0.8709	充分发挥…	0.8207	中国特色…	0.9283
8	当前中国…	0.8025	中国,社…	0.9094	全面深化…	0.9154
9	社会主义…	0.8463	当前中国…	0.7668	中国,社…	0.9094
10	习近平:…	0.9022	中国特色…	0.9413	习近平:…	0.9022
⋮	⋮	⋮	⋮	⋮	⋮	⋮
100	中国特色…	0.7847	中国社会…	0.7329	只有社会…	0.5835

12.5　实验数据的评价分析

12.5.1　可信查准率比较分析

根据六组用户搜索关键词的搜索实验数据(表 12.1—表 12.6)和定义 12.1,令与用户搜索请求最相关搜索结果个数 η 不断变化($\eta=1, 5, 10, \cdots$),分别计算和比较使用百度搜索、Google 搜索和基于可信语义深度学习的"二次"可信搜索方法的可信查准率,得到的可信查准率如图 12.3 所示,其中用"◆""■""▲"分别表示百度搜索、Google 搜索和可信搜索方法的实验结果。

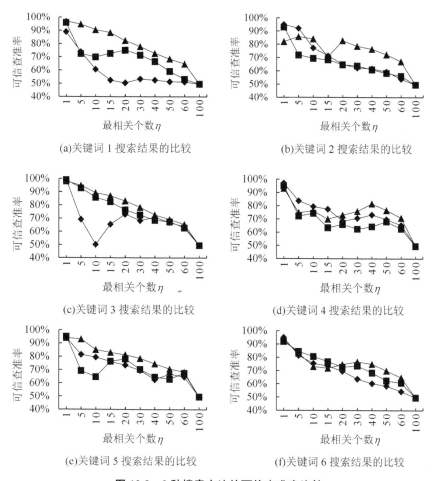

(a)关键词 1 搜索结果的比较　　　　(b)关键词 2 搜索结果的比较

(c)关键词 3 搜索结果的比较　　　　(d)关键词 4 搜索结果的比较

(e)关键词 5 搜索结果的比较　　　　(f)关键词 6 搜索结果的比较

图 12.3　3 种搜索方法的可信查准率比较

由图 12.3 可知,对于六组搜索任务,当 η 取较小值时($\eta=1$),可信搜索方法的可信查准率相对百度搜索和 Google 搜索并没有表现出一定的优势。当 η 取值较大时($\eta=20$, 30 , …),可信搜索方法的可信查准率则近似等于或者明显优于百度搜索和 Google 搜索。经过分析可知,传统的百度搜索和 Google 搜索方法利用关键词匹配技术来搜索文本时,少量文本因文本内容中出现了搜索关键词,被优先地排序在返回搜索文本结果集合中的较前位置,而其他更多的文本,则根据与搜索关键词的相关性,依次被排序在返回结果集合中的较后位置。当使用可信搜索方法时,大量相关的、内容可信的文本依次被排序在搜索结果集合的较前面位置而被返回给用户,而少量文本尽管文本内容中包含了用户搜索关键词,却因为文本内容"不可信"而被排序在搜索结果集合中较后位置被返回。因而,在可信查准率实验结果中,η 取值较小时,百度搜索、Google 搜索的文本搜索结果要好于可信搜索方法,而 η 取值较大时,可信搜索方法得到的文本结果要优于百度、Google 搜索。综合考虑文本搜索的结果返回情况,当用户要求一次性搜索得到较多的相关"可信"文本搜索结果时,所提出的可信搜索方法要优于基于关键词匹配的百度搜索或 Google 搜索。

12.5.2 区间平均可信度比较分析

根据六组用户搜索关键词的搜索结果(表 12.7—表 12.12)和定义 12.2,设置要比较的区间长度 $\eta = 5$,即在百度搜索、Google 搜索、可信搜索方法返回的 100 个文本结果中,依次将 5 个文本作为一个评估区间数据来计算平均可信度。分别计算第 i 个评估区间的平均可信度,$i = 1, 2, \cdots, 20$,得到的结果如图 12.4 所示,其中用"◆""■""▲"分别表示百度搜索、Google 搜索和可信搜索方法的实验结果。

由图 12.4 可知,对于六组搜索任务,对比返回文本结果在同一个排列位置区间的平均可信度,不难看出,"二次"可信搜索方法得到的平均可信度均高于百度搜索和 Google 搜索的结果,这说明通过可信搜索方法,得到了质量和可信度都较好的文本搜索结果。经过仔细分析,其根本原因与可信查准率实验结果原因是一致的,依赖关键词匹配的文本搜索技术返回的搜索结果排列位置较为混乱,致使搜索结果的平均可信度不高,用户对搜索结果不满意。使用可信搜索方法搜索关键词时,将对"第一次"搜索结果进行处理和重排序,对内容不充实、陈述不完整的文本在转换为语义矩阵的过程中,添加了大量无意义的"0"值,通过神经网络模型计算可信度时,没有提取到足够的有效语义特征,得到的文本可信度较低,因此被排序在返回文本结果集合中的较后位置。而对于内容丰富、包含较多判断陈述句和信任证据的文本,通过神经网络模型计算的可信度较高,被排序在返回文本结果集合中的较前位置,因此得到的搜索结果在序号较前的同一个评估区间中,平均可信度更高,更能满足用户的搜索需求。

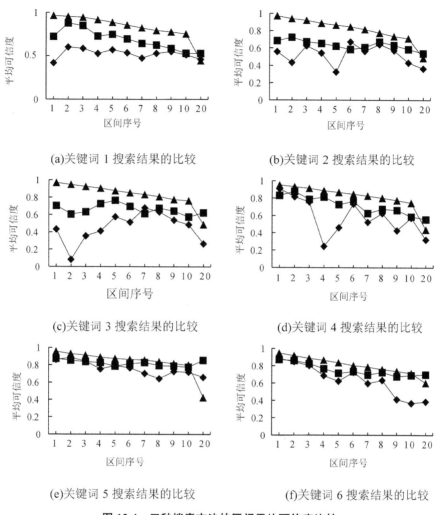

(a)关键词 1 搜索结果的比较　　　　(b)关键词 2 搜索结果的比较

(c)关键词 3 搜索结果的比较　　　　(d)关键词 4 搜索结果的比较

(e)关键词 5 搜索结果的比较　　　　(f)关键词 6 搜索结果的比较

图 12.4　三种搜索方法的区间平均可信度比较

12.5.3　最相关可信率比较分析

　　根据由 6 组用户搜索关键词的搜索结果(表 12.1—表 12.6)和定义 12.3,结合可信查准率实验,得到 3 种搜索方式在与用户搜索请求最相关搜索结果个数 η 取值变化时,最相关可信率如表 12.13 所示,其中 id 表示用户搜索关键词编号,记号 M_B、M_G、M_{DL} 分别表示百度搜索、Google 搜索和可信搜索方法时得到的最相关可信率。

表 12.13　三种搜索方法的最相关可信率实验结果

id / η	1			2			3		
	M_B	M_G	M_{DL}	M_B	M_G	M_{DL}	M_B	M_G	M_{DL}
1	0.8576	0.9143	0.9347	0.8591	0.8605	0.7415	0.9611	0.9617	0.9520
5	0.7925	0.7974	0.9118	0.8691	0.7882	0.7839	0.7563	0.8976	0.9259
10	0.6929	0.7363	0.8888	0.7992	0.7153	0.7843	0.6276	0.8087	0.8809
15	0.6783	0.6701	0.8709	0.7415	0.6204	0.7728	0.5871	0.7369	0.8527
20	0.6289	0.6987	0.8354	0.6712	0.5780	0.7308	0.5456	0.6812	0.8140
30	0.5706	0.6473	0.7608	0.6322	0.5405	0.7055	0.4641	0.6339	0.7587
40	0.4888	0.5947	0.7246	0.6052	0.5241	0.6747	0.4318	0.5954	0.7250
50	0.4361	0.5213	0.6886	0.5697	0.4880	0.6226	0.4125	0.5228	0.6852
60	0.4216	0.4625	0.6442	0.5488	0.4571	0.6043	0.3946	0.4984	0.6315
100	0.3244	0.3316	0.3967	0.4792	0.4260	0.5287	0.2834	0.3291	0.5183

id / η	4			5			6		
	M_B	M_G	M_{DL}	M_B	M_G	M_{DL}	M_B	M_G	M_{DL}
1	0.9062	0.8906	0.8688	0.8795	0.8979	0.8795	0.8819	0.8366	0.8633
5	0.8066	0.7492	0.7486	0.7929	0.7562	0.8879	0.7824	0.7550	0.8052
10	0.7262	0.6716	0.7176	0.7126	0.6758	0.8258	0.7176	0.7020	0.7275
15	0.6942	0.6324	0.6845	0.6635	0.6413	0.8018	0.6752	0.6343	0.6909
20	0.6503	0.5876	0.6432	0.6280	0.6067	0.7655	0.6288	0.5877	0.6676
30	0.6084	0.5632	0.6053	0.5837	0.5735	0.6982	0.5634	0.5165	0.6280
40	0.5497	0.5128	0.5784	0.5124	0.5261	0.6417	0.5269	0.4738	0.5756
50	0.5130	0.4765	0.5269	0.4683	0.4563	0.5924	0.4628	0.4462	0.5423
60	0.4786	0.4166	0.5051	0.4069	0.4271	0.5651	0.4392	0.4067	0.5197
100	0.4246	0.3885	0.4394	0.3376	0.3660	0.4687	0.3145	0.2984	0.4268

　　由表 12.13 可知,对于六组搜索任务,最相关可信率与可信查准率实验结果类似,即当 η 取值较小时可信搜索方法并不明显优于传统的百度搜索和 Google 搜索,当 η 取值较大时可信搜索方法的实验结果则优于或者近似于百度和 Google 搜索。究其原因,不外乎 12.5.2 节中分析的基于关键词匹配和基于深度

学习神经网络模型的文本搜索过程和本质的匹配方式。

12.6　本章小结

本章结合电子文献可信度计算的深度双向 LSTM 学习模型，应用"二次"搜索思想，设计了文献"二次"可信搜索引擎，阐述了"二次"可信搜索过程。为了对搜索结果准确与否进行客观衡量，提出了文献可信搜索结果的评价机制，即可信查准率、区间平均可信度、最相关可信率。通过设计并进行文献搜索实验，从搜索结果的可信查准率、区间平均可信度和最相关可信率三个层面，依次比较和分析了著名的百度搜索、Google 搜索和可信搜索方法的实验效果，验证了基于可信语义深度学习的电子文献"二次"搜索方法，相比传统的搜索方法，具有更高的搜索准确度和用户满意度。

参考文献

［1］王伟. 基于信息内容的在线文本可信性评估方法研究［D］.上海：同济大学，博士学位论文，2009.

［2］毛雪云. 英语信任素材库的构建及应用［D］.上海：同济大学，硕士学位论文，2009.

［3］张东启. 基于信任事实的信息文本可信评估方法［D］.上海：同济大学，硕士学位论文，2009.

［4］王晓君. 信息文本中内容信任判定方法研究及在搜索引擎中的应用［D］.上海：同济大学，硕士学位论文，2010.

［5］黄帅彪. 基于描述逻辑的信息文本可信评估方法［D］.上海：同济大学，硕士学位论文，2011.

［6］陈路瑶. 科技文档的信任模式分析［D］.上海：同济大学，硕士学位论文，2011.

［7］周静. 科技论文质量检测与可信评估［D］.上海：同济大学，硕士学位论文，2014.

［8］黄晶晶. 搜索引擎返回可信结果的优化选择排序方法［D］.上海：同济大学，硕士学位论文，2014.

［9］余玄璇. 科技论文可信质量评估［D］.上海：同济大学，硕士学位论文，2015.

［10］张康. 基于搜索编程的手机景点导游软件设计［D］.上海：同济大学，硕士学位论文，2015.

［11］顾逸圣. 提高开源代码搜索匹配精准度的方法［D］.上海：同济大学，硕士学位论文，2018.

［12］马军岩. 支持快速准确搜索的开源代码库的构建和应用［D］.上海：同济大学，硕士学位论文，2018.

［13］李润青. 源代码的摘要提取及其在搜索中的应用［D］.上海：同济大学,硕士学位论文, 2018.

［14］谢英杰. 基于可信语义深度学习的电子文献优化搜索方法［D］.上海：同济大学,硕士学位论文, 2019.